Hans Walser
99 Schnittpunkte

EAGLE 010:

www.eagle-leipzig.de/010-walser.htm

Edition am Gutenbergplatz Leipzig

Gegründet am 21. Februar 2003 in Leipzig, im Haus des Buches am Gutenbergplatz.

Im Dienste der Wissenschaft.

Hauptrichtungen dieses Verlages für Forschung, Lehre und Anwendung sind:
Mathematik, Informatik, Naturwissenschaften, Wirtschaftswissenschaften, Wissenschafts- und Kulturgeschichte.

EAGLE: www.eagle-leipzig.de

Bände der Sammlung „EAGLE-EINBLICKE" erscheinen seit 2004 im unabhängigen Wissenschaftsverlag „Edition am Gutenbergplatz Leipzig" (Verlagsname abgekürzt: EAGLE bzw. EAG.LE).

Jeder Band ist inhaltlich in sich abgeschlossen und leicht lesbar.

www.eagle-leipzig.de/verlagsprogramm.htm

Hans Walser

99 Schnittpunkte

Beispiele – Bilder – Beweise

2., bearbeitete und erweiterte Auflage

EAG.LE Edition am Gutenbergplatz
Leipzig

Bibliografische Information der Deutschen Nationalbibliothek
Die Deutsche Nationalbibliothek verzeichnet diese Publikation in der Deutschen Nationalbibliografie; detaillierte bibliografische Daten sind im Internet über http://dnb.d-nb.de abrufbar.

Dr. Hans Walser
Geboren 1944 in Rheineck (Schweiz). Von 1975 bis 2002 Gymnasiallehrer. Lehrbeauftragter an der ETH Zürich (seit 1973), an der Universität Basel (seit 1996). Widmet sich einerseits der Lehrerausbildung und andererseits der Mathematikausbildung von Studierenden der Natur- und Ingenieurwissenschaften.

Autor zahlreicher fachdidaktischer Artikel sowie der Bücher:

Der Goldene Schnitt. Erste, zweite Auflage: B. G. Teubner in Leipzig 1993, 1996.
Dritte, vierte, fünfte Auflage: Edition am Gutenbergplatz Leipzig 2003, 2004, 2009.
EAGLE 001. Übers. ins Amerikanische 2001. Übers. ins Japanische 2002.

Symmetrie. Erste Auflage: B. G. Teubner in Leipzig 1998.
Übers. ins Amerikanische 2000. Übers. ins Japanische 2003.

99 Schnittpunkte. Beispiele – Bilder – Beweise.
Erste, zweite Auflage: Edition am Gutenbergplatz Leipzig 2004, 2012.
EAGLE 010. Übers. ins Amerikanische 2006.

Geometrische Miniaturen. Figuren – Muster – Symmetrien.
Erste Auflage: Edition am Gutenbergplatz Leipzig 2011.
EAGLE 042.

Erste Umschlagseite (Abb.): Archiv des Autors, vgl. S. 16.

Vierte Umschlagseite: Dieses Motiv zur BUGRA Leipzig 1914 (Weltausstellung für Buchgewerbe und Graphik) zeigt neben B. Thorvaldsens Gutenbergdenkmal auch das Leipziger Neue Rathaus sowie das Völkerschlachtdenkmal.

Für vielfältige Unterstützung sei der Teubner-Stiftung in Leipzig gedankt.

EAGLE 010: www.eagle-leipzig.de/010-walser.htm

Printed in Germany
Umschlaggestaltung: Sittauer Mediendesign, Leipzig
Herstellung: Books on Demand GmbH, Norderstedt

ISBN 978-3-937219-95-0

Vorwort zur ersten Auflage

Die vorliegenden 99 Schnittpunkte sind eine Auswahl einer über Jahre hinweg entstandenen Sammlung von Schnittpunkten. Für jedes Beispiel gilt die verblüffende Feststellung, dass drei Geraden oder allgemeiner drei Kurven durch ein und denselben Punkt verlaufen. Es ist ja keineswegs so, dass dies nur für die vier vom Schulunterricht her bekannten Schnittpunkte im Dreieck zutrifft, nämlich Schwerpunkt, Höhenschnittpunkt, Winkelhalbierendenschnittpunkt und Mittelsenkrechtenschnittpunkt. Daher sind auch einige Beispiele angegeben, die auf anderen Figuren als auf einem Dreieck basieren. In einigen Fällen verlaufen mehr als nur drei Geraden durch einen gemeinsamen Punkt.

Mein Anliegen ist es, die Schnittpunkte rein visuell, ohne Beschriftung und verbalen Kommentar zu präsentieren. Dieses Lese- und Bilderbuch möchte zum Lesen und Verstehen von Bildern anregen. Es möchte aber auch anregen, selber solche Schnittpunkte zu finden. Zum Auffinden und Austesten von Schnittpunkten ist eine dynamische Geometrie-Software (DGS) äußerst hilfreich, beispielsweise Cabri-géomètre, Cinderella, Euklid/Dynageo, GeoGebra, GEONExT oder Z.u.L. (Zirkel und Lineal).

Die Sammlung ist natürlich in keiner Weise vollständig. Weitere Beispiele finden sich in [Donath 1976] sowie in ausführlicher geometriehistorischer Darstellung in [Baptist 1992].

Beispiele: Der erste Teil des Buches enthält einige allgemeine Gedanken und Beispiele zum Thema Schnittpunkt.

Bilder: Der zweite Teil – der Hauptteil – führt 99 Schnittpunkte jeweils in einer Folge von drei Bildern vor.

Beweise: Der dritte Teil enthält einen Überblick über typische Beweismethoden für die Existenz solcher Schnittpunkte und klassische Sätze über Schnittpunkte sowie exemplarische Beweise einiger der vorgestellten Schnittpunkte.

Viele Beispiele sind mir von Kolleginnen und Kollegen zugetragen worden. Insbesondere danke ich Heiner Bubeck, Weingarten, Wolfgang Kroll, Marburg, und

Roland Wyss, Flumenthal, für einige Knacknüsse. Die meisten Beispiele sind aber letztlich auf Fragen und Anregungen meiner Schülerinnen und Schüler wie auch meiner Lehramtskandidatinnen und Lehramtskandidaten entstanden. Ihnen allen schulde ich großen Dank.

Hilfreiche didaktische und technische Hinweise im Bereich der dynamischen Geometriesoftware verdanke ich Hans-Jürgen Elschenbroich, Medienzentrum Rheinland, und Heinz Schumann, Weingarten.

Mein Dank gilt schließlich Herrn Jürgen Weiß vom Wissenschaftsverlag „Edition am Gutenbergplatz Leipzig“ für die hilfreiche Betreuung dieser Neuerscheinung im Rahmen der populärwissenschaftlichen Leipziger Sammlung „EAGLE-EINBLICKE“.

Frauenfeld, Juli 2004 Hans Walser

Vorwort zur zweiten Auflage

In der zweiten Auflage ist der Abschnitt über die mathematischen Hintergründe erweitert worden. Dabei konnten auch Beweise und Hinweise aufgenommen werden, welche ich von Leserinnen und Lesern erhalten habe. Ihnen allen gilt mein herzlichster Dank, insbesondere Michael Bauer, Weißenburg, und Gerry Leversha, London.

Etliche Grafiken wurden überarbeitet und Fehler der ersten Auflage korrigiert.

Herrn Jürgen Weiß aus Leipzig danke ich für die sorgfältige Betreuung der zweiten Auflage.

Frauenfeld, Januar 2011 Hans Walser

Ergänzende Materialien und Informationen unter:

www.math.unibas.ch/~walser

www.eagle-leipzig.de

www.eagle-leipzig.de/einblicke.htm

Inhalt

1 Worum geht es?

1.1 Wenn drei sich treffen

Drei oder mehr beliebige Geraden oder Kurven haben in der Regel keinen gemeinsamen Schnittpunkt. Wenn aber ein solcher gemeinsamer Schnittpunkt vorliegt, stellt sich unweigerlich die Frage nach dem Warum.
Warum etwa verlaufen auf einem Innenraum-Foto die Verlängerungen der Raumkanten durch einen gemeinsamen Punkt, den so genannten Fluchtpunkt? Dies ist offenbar dann der Fall, wenn die Geraden in Wirklichkeit parallel sind, also bereits eine sehr spezielle wechselseitige Lage haben.
Im Folgenden besprechen wir einige Beispiele.

1.1.1 Das Zwölfeck

Sehr oft lässt sich ein Schnittpunkt dreier oder mehrerer Geraden mit Symmetrieüberlegungen erklären. So gehen etwa die sechs Mittelpunktsdiagonalen eines regelmäßigen Zwölfeckes trivialerweise durch einen gemeinsamen Punkt, eben den Mittelpunkt (Abb. 1.1.1).

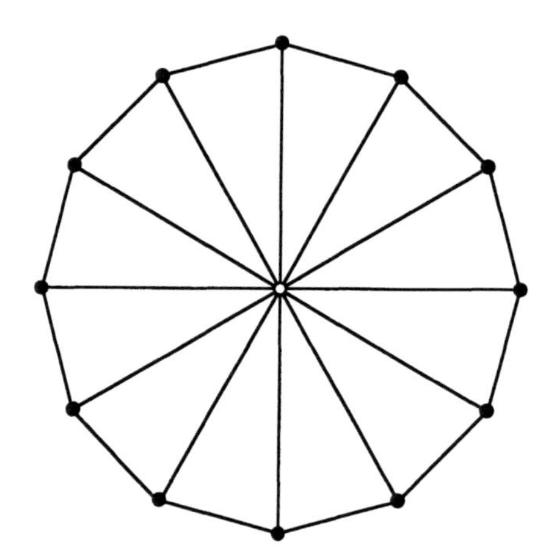

Abb. 1.1.1 Sechs Diagonalen durch den Mittelpunkt

Die drei Diagonalen der Abbildung 1.1.2 schneiden sich offensichtlich auch aus Symmetriegründen, da die zwei schrägen Diagonalen spiegelbildlich zur senkrechten Diagonalen liegen.

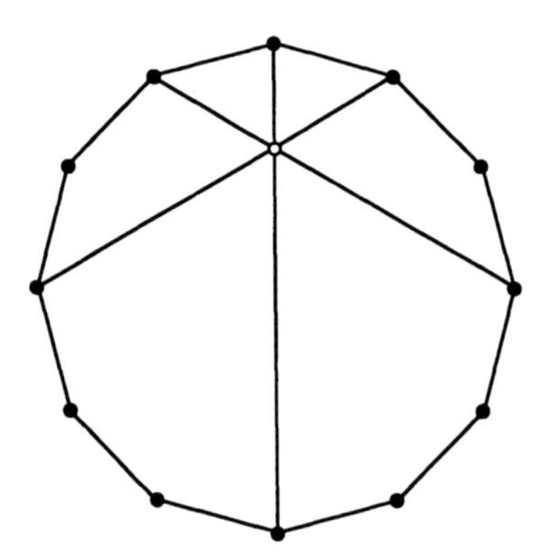

Abb. 1.1.2 Gemeinsamer Schnittpunkt aus Symmetriegründen

Anders liegt die Sache im Beispiel der Abbildung 1.1.3. Gehen die drei Geraden überhaupt durch ein und denselben Punkt?

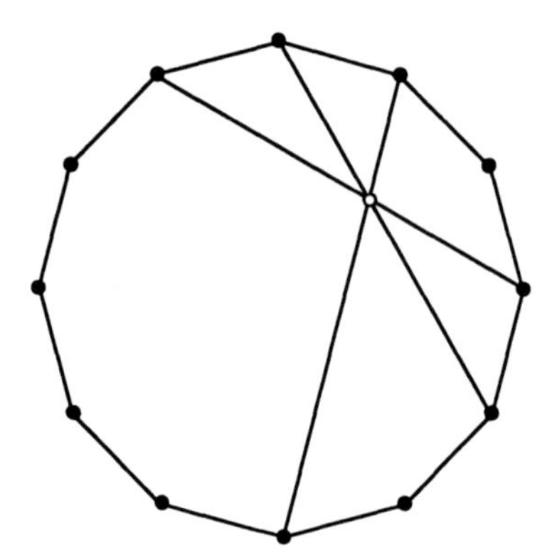

Abb. 1.1.3 Schneiden sich die drei Diagonalen in einem Punkt?

Wenn die drei Diagonalen sich in einem Punkt treffen, muss es aus Symmetriegründen noch eine vierte Diagonale geben, die ebenfalls durch diesen Punkt verläuft (Abb. 1.1.4).

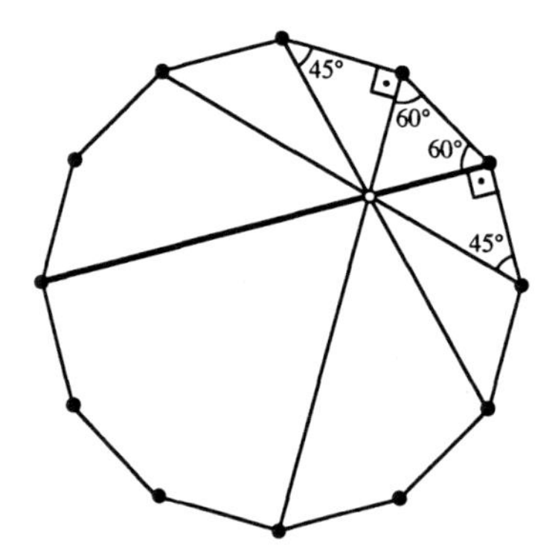

Abb. 1.1.4 Vierte Diagonale und spezielle Winkel

Durch diese Diagonalen entstehen an vier aufeinander folgenden Eckpunkten des Zwölfeckes Winkel von 45°, 90°, 60°, 60°, 90°, 45° (Abb. 1.1.5).

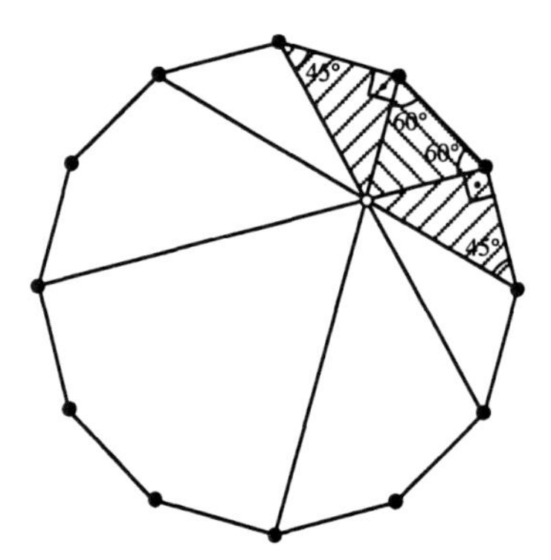

Abb. 1.1.5 Spezielle Dreiecke

Es ergibt sich eine Abfolge von drei Dreiecken, zwei davon sind rechtwinklig-gleichschenklig mit der Seitenlänge des Zwölfeckes als Kathetenlänge, das mittlere Dreieck ist gleichseitig und hat dieselbe Seitenlänge wie das Zwölfeck. Somit haben diese drei Dreiecke einen Eckpunkt gemeinsam. Die vier Diagonalen verlaufen durch diesen Punkt.

1.1.2 Ein Puzzle

Diese Beweisfigur ist Teil eines Zerlegungspuzzles für das regelmäßige Zwölfeck. Es entstehen dabei acht rechtwinklig-gleichschenklige Dreiecke, vier kleine und vier große gleichseitige Dreiecke und ein Quadrat (Abb. 1.1.6).

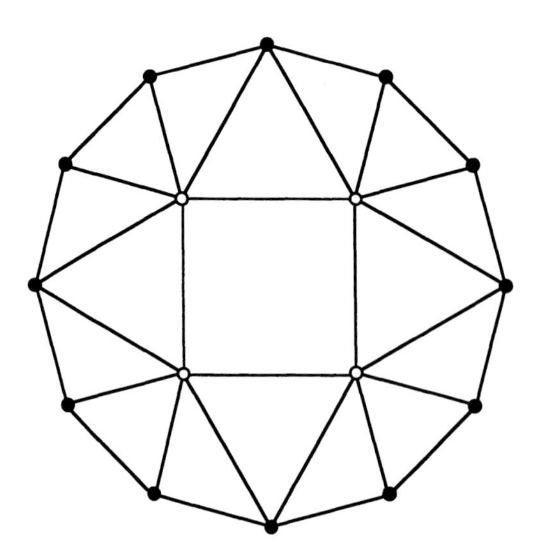

Abb. 1.1.6 Puzzle

1.1.3 Schnittpunkte von Kreisen

Wir kehren nochmals zurück zur Abbildung 1.1.3 und zeichnen zu jeder der drei Diagonalen einen Kreis, der durch den Mittelpunkt des Zwölfeckes verläuft und die Diagonale als Sehne hat (Abb. 1.1.7). Diese drei Kreise haben natürlich den Mittelpunkt des Zwölfeckes gemeinsam, aber sie schneiden sich offensichtlich auch in einem Punkt außerhalb des Zwölfeckes.

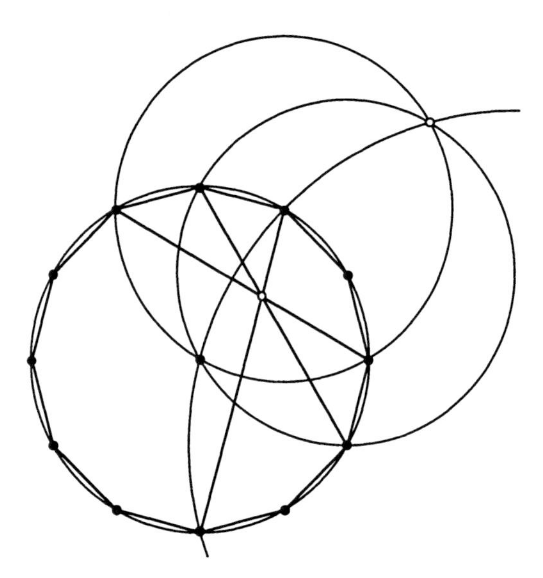

Abb. 1.1.7 Zweiter Schnittpunkt der Kreise

Zum Verständnis dieser Eigenschaft verwenden wir die so genannte Kreisspiegelung (vgl. [Walser 1998, S. 20f.]). Diese drei Kreise sind die Bilder der drei Diagonalengeraden bei Spiegelung am Umkreis des Zwölfeckes. Der äußere Schnittpunkt der drei Kreise ist das Spiegelbild des Schnittpunktes der drei Diagonalen.

Wir kehren ein letztes Mal zur Abbildung 1.1.3 zurück und zeichnen zu jeder der drei Diagonalen einen Kreis, der den Umkreis des Zwölfeckes orthogonal schneidet und die Diagonale als Sehne hat (Abb. 1.1.8).

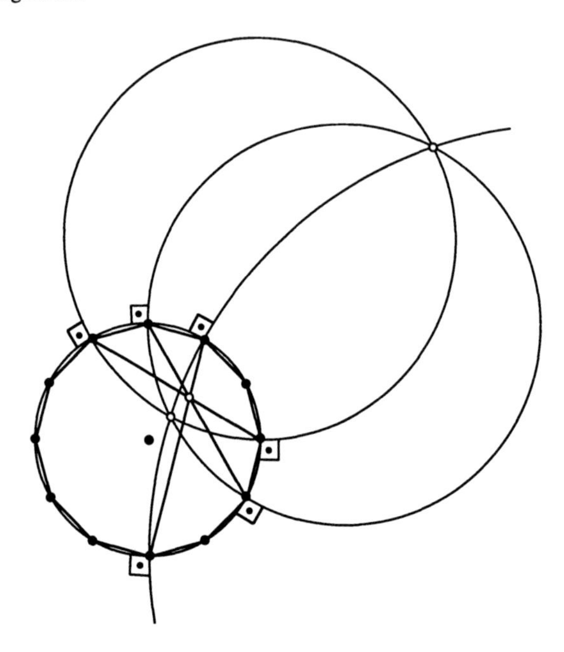

Abb. 1.1.8 Drei zum Umkreis orthogonale Kreise

Diese drei Kreise haben offenbar zwei gemeinsame Schnittpunkte. Um dies einzusehen, verwenden wir die so genannte nichteuklidische oder hyperbolische Geometrie (vgl. [Buchmann 1975], [Cederberg 1995], [Coxeter 1996], [Filler 1993], [Hartshorne 2000], [Holme 2002], [Kinsey/Moore 2002], [Lenz 1967], [Nöbeling 1976], [Zeitler 1970]). Wir können nämlich den Umkreis des Zwölfeckes mit den Diagonalen als Sehnen als Kleinsches Modell dieser Geometrie auffassen und denselben Kreis mit den dazu orthogonalen Bögen im Innern als Poincaré-Modell. Aus dem Schnittpunkt der drei Sehnen ergibt sich der innere Schnittpunkt der drei Kreise und umgekehrt. Für den äußeren Schnittpunkt benötigen wir wieder die Kreisspiegelung. Die Orthogonalkreise sind invariant bei der Spiegelung am Umkreis des Zwölfeckes, also ihre eigenen Spiegelbilder. Somit ist der äußere Schnittpunkt der drei Kreise das Spiegelbild des inneren Schnittpunktes.

1.2 Blumen für Fourier

1.2.1 Beispiel

Die Abbildung 1.2.1 zeigt drei Blumen mit 5, 7 und 11 Blütenblättern.

Abb. 1.2.1 Blumen

Wenn wir diese drei Figuren übereinander legen, haben sie sicher das Zentrum und den obersten Punkt gemeinsam. Haben diese drei Figuren noch weitere Punkte gemeinsam?

Die Überlagerung zeigt, dass es noch zwei weitere Punkte gibt, welche allen drei Figuren gemeinsam sind (Abb. 1.2.2). Es gibt also insgesamt vier Schnittpunkte dieser drei Figuren.

Abb. 1.2.2 Vier Schnittpunkte

Diese vier Schnittpunkte liegen auf einem Kreis, drei davon sind Ecken eines gleichseitigen Dreieckes (Abb. 1.2.3).

Abb. 1.2.3 Die Schnittpunkte liegen auf einem Kreis und bilden ein Dreieck

1.2.2 Hintergrund

Hinter diesen Blumen verstecken sich die Funktionen $y = \cos(5t)$, $y = \cos(7t)$ und $y = \cos(11t)$. Dies sind Funktionen von der Form $y = \cos(nt)$; solche Funktionen werden für Fourier-Entwicklungen verwendet (Jean Baptiste Joseph Fourier,1768-1830, vgl. [Burg/Haf/Wille 1994], [Butz 2009], [Heuser 2006], [Jänich 2009]). Die Abbildung 1.2.4 zeigt die Funktionsgraphen dieser drei Funktionen für das Intervall $[-\pi,\pi]$ in der üblichen kartesischen Darstellung.

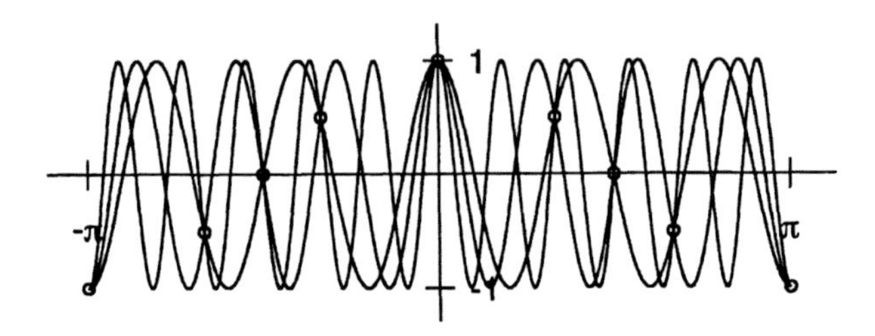

Abb. 1.2.4 Funktionsgraphen

Diese drei Funktionskurven haben für $t \in [-\pi,\pi]$ insgesamt neun Punkte gemeinsam. Nun zeichnen wir dasselbe in Polarkoordinaten. Zum Beispiel wählen wir für den Polarwinkel φ den Polarabstand $r(\varphi) = \cos(5\varphi)$. Dadurch ergibt sich eine Blume, die wegen der Symmetrien der Funktion $y = \cos(5t)$ sogar zweimal durchlaufen wird (Abb. 1.2.5). Wir können uns daher auf das Intervall $\varphi \in [0,\pi]$ beschränken.

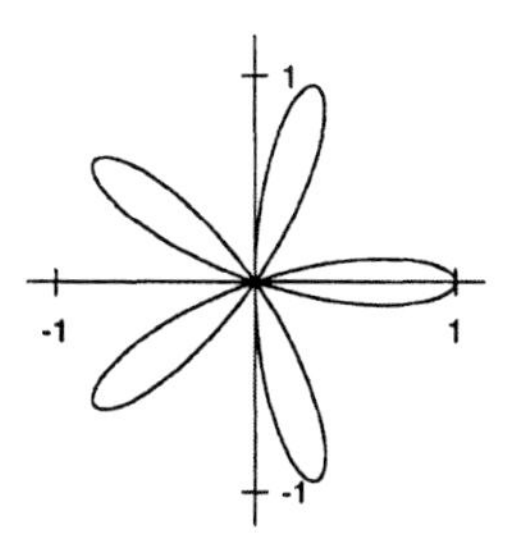

Abb. 1.2.5 Polardarstellung von $y = \cos(5t)$

Aus ästhetischen Gründen wurde diese Blume noch um 90° gedreht, damit ein Blütenblatt senkrecht nach oben weist. Im Intervall $[0,\pi]$ haben unsere drei Funktionen fünf gemeinsame Punkte, wobei in der Polardarstellung der erste und der letzte aufeinander fallen (warum?). Somit haben die Blumen vier gemeinsame Punkte.

Die Frage ist noch, warum genau die Zahlen $n = 5,7,11$ ausgewählt wurden. Natürlich sind das drei aufeinander folgende Primzahlen, aber das haut in unserem Beispiel nicht hin. Eine systematische Untersuchung der Funktionen $y = \cos(nt)$ zeigt, dass für sämtliche ungeraden Zahlen von der Form $n = 3k \pm 1, k \in \mathbb{Z}$, die Funktionen in der kartesischen Darstellung durch die in der Abbildung 1.2.4 dargestellten Punkte verlaufen. In der Polardarstellung geht es zudem auch für die geraden Zahlen von der Form $n = 3k \pm 1, k \in \mathbb{Z}$.

Die Abbildung 1.2.6 zeigt ein ausführliches Beispiel. In diesem Beispiel gibt es noch weitere Punkten, durch welche drei oder mehr Kurven verlaufen, aber es gibt keine weiteren Punkte, durch welche sämtliche Kurven verlaufen.

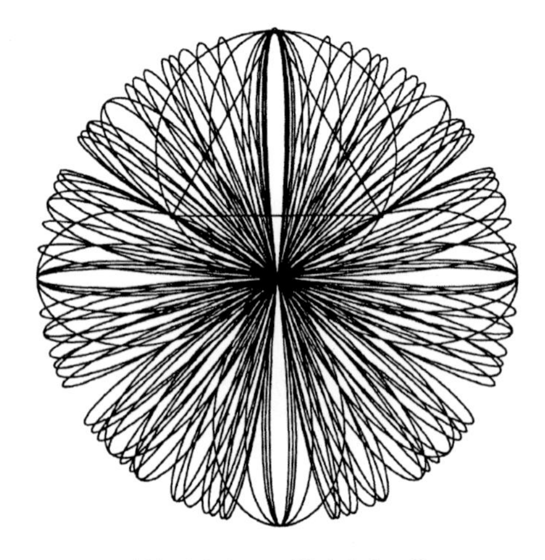

Abb. 1.2.6 $n = 3k \pm 1, k \in \mathbb{Z}$

Die Abbildung 1.2.7 zeigt die Situation für $n = 4,6,9$; das sind Zahlen von der Form $n = 5k \pm 1, k \in \mathbb{Z}$. Es gibt sechs gemeinsame Schnittpunkte, fünf davon sind Ecken eines regelmäßigen Fünfeckes.

Abb. 1.2.7 $n = 4, 6, 9$

1.3 Tschebyschew und die Geister

1.3.1 Tschebyschew-Polynome

Aus der Eulerschen Gleichung $\mathrm{e}^{\mathrm{i}\varphi} = \cos(\varphi) + \mathrm{i}\sin(\varphi)$ folgt einerseits

$$\mathrm{e}^{\mathrm{i}n\varphi} = \cos(n\varphi) + \mathrm{i}\sin(n\varphi)$$

und andererseits

$$\mathrm{e}^{\mathrm{i}n\varphi} = \left(\cos(\varphi) + \mathrm{i}\sin(\varphi)\right)^n = \sum_{k=0}^{n} \binom{n}{k} \cos^{n-k}(\varphi)\,\mathrm{i}^k \sin^k(\varphi).$$

Der Vergleich der beiden Realteile liefert:

$$\cos(n\varphi) = \sum_{j=0}^{\lfloor \frac{n}{2} \rfloor} \binom{n}{2j} \cos^{n-2j}(\varphi)(-1)^j \sin^{2j}(\varphi)$$

Wegen $\sin^{2j}(\varphi) = \left(1 - \cos^2(\varphi)\right)^j$ kann also $\cos(n\varphi)$ als Polynom n-ten Grades in $\cos(\varphi)$ geschrieben werden. Diese Polynome heißen Tschebyschew-Polynome (Pafnuti Lwowitsch Tschebyschew, 1821-1894, vgl. [Meyberg/Vachenauer 2003], [Madelung 1964, S. 108]). Mit $x = \cos(\varphi)$ ergibt sich für den Definitionsbereich $[-1,1]$ die Schreibweise $T_n(x) = \cos(n \arccos(x))$.

In der Polynomschreibweise ist:

$$\begin{aligned}
T_0(x) &= 1 \\
T_1(x) &= x \\
T_2(x) &= 2x^2 - 1 \\
T_3(x) &= 4x^3 - 3x \\
T_4(x) &= 8x^4 - 8x^2 + 1 \\
T_5(x) &= 16x^5 - 20x^3 + 5x \\
T_6(x) &= 32x^6 - 48x^4 + 18x^2 - 1
\end{aligned}$$

Die Funktionen sind abwechslungsweise gerade oder ungerade; es gilt die Rekursionsformel $T_{n+1}(x) = 2xT_n(x) - T_{n-1}(x)$.

Die Funktionen oszillieren auf dem Intervall $[-1,1]$ zwischen -1 und $+1$. Die Abbildung 1.3.1 zeigt die Graphen von T_0 bis T_6.

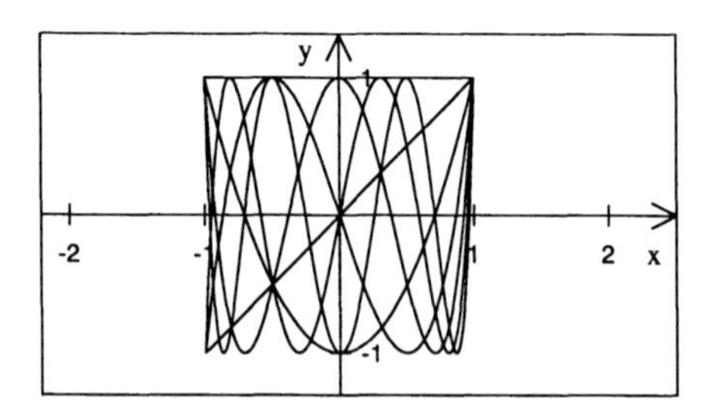

Abb. 1.3.1 Tschebyschew-Polynome

Diese Graphen lassen sich auch als Lissajous-Kurven darstellen. Der Graph von T_n hat die Parameterdarstellung

$$\vec{x}(t) = \begin{bmatrix} \cos(t) \\ \cos(nt) \end{bmatrix}, \quad t \in [0, 2\pi].$$

Wir erkennen daraus, dass die Tschebyschew-Polynome eng mit den von Fourier verwendeten Funktionen $y = \cos(nt)$ verwandt sind. Es ist die horizontale Achse anders skaliert.

1.3.2 Schnittpunkte im Goldenen Schnitt

Wir untersuchen nun Schnittpunkte von Graphen verschiedener Tschebyschew-Polynome.

Die Graphen von T_2, T_7 und T_{12} (Abb. 1.3.2) haben drei gemeinsame Schnittpunkte. Zur Beschreibung dieser Schnittpunkte verwenden wir die Notationen des Goldenen Schnittes (vgl. [Walser 2009]). Wir definieren

$$\tau = \tfrac{1+\sqrt{5}}{2} \approx 1.618 \text{ und } \rho = \tfrac{-1+\sqrt{5}}{2} \approx 0.618.$$

Damit erhalten wir für die drei gemeinsamen Schnittpunkte die Koordinaten $(1,1), \left(\frac{\rho}{2}, -\frac{\tau}{2}\right), \left(-\frac{\tau}{2}, \frac{\rho}{2}\right)$.

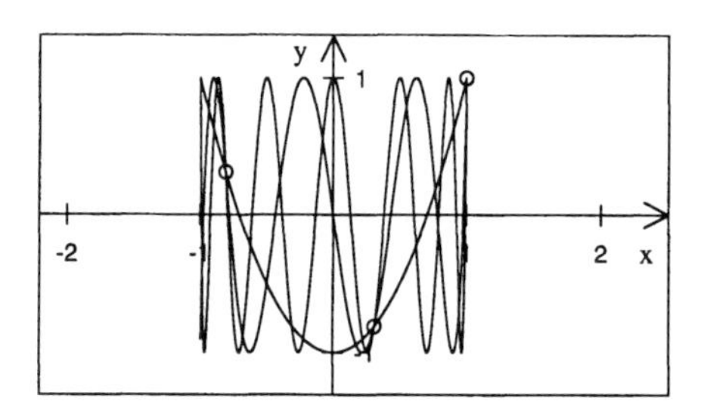

Abb. 1.3.2 Graphen von T_2, T_7 und T_{12}

1.3.3 Ein optischer Effekt

Die Abbildung 1.3.3 zeigt die Graphen von T_0 bis T_{30}.

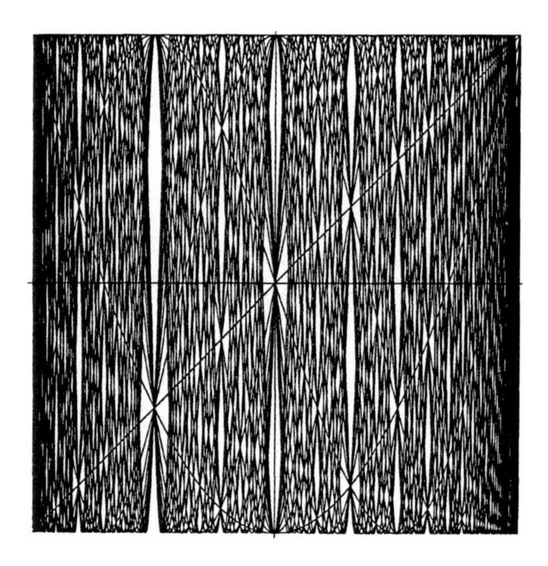

Abb. 1.3.3 Optischer Effekt

Wir erkennen darin fast geisterhaft Kurven, auf denen besonders viele Schnittpunkte liegen. Eine dieser Kurven ist eine liegende Parabel, eine andere die Lissajous-Kurve der Abbildung 1.3.4 mit der Parameterdarstellung:

$$\vec{x}(t)=\begin{bmatrix}\cos(t)\\ \cos\left(\frac{3}{2}t\right)\end{bmatrix} \quad ; \quad t\in[0,2\pi]$$

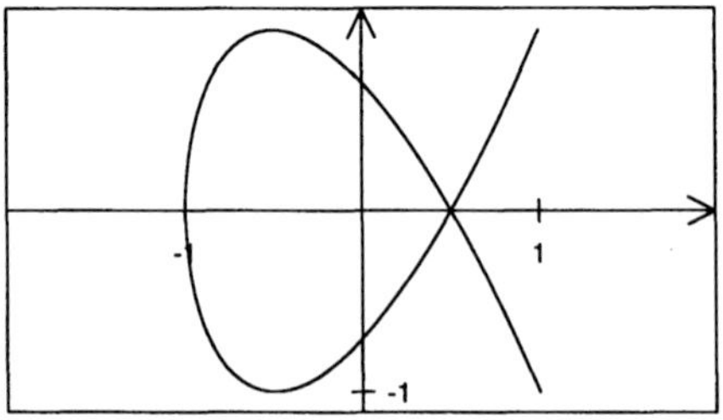

Abb. 1.3.4 Lissajous-Kurve

Diese Geisterkurven entstehen dadurch, dass sich auf ihnen besonders viele Punkte befinden, in denen mehrere „echte“ Kurven sich schneiden. Damit ist dort Schwarz stark konzentriert und daneben ist viel Weiß, was diese Kurven sichtbar macht.

1.4 Büschel erzeugen Kurven

Denn wo zwei oder drei versammelt sind in meinem Namen,
da bin ich mitten unter ihnen.
Matthäus 18, 20

1.4.1 Geradenbüschel

Wir gehen aus von einem Geradenbüschel gemäß Abbildung 1.4.1.

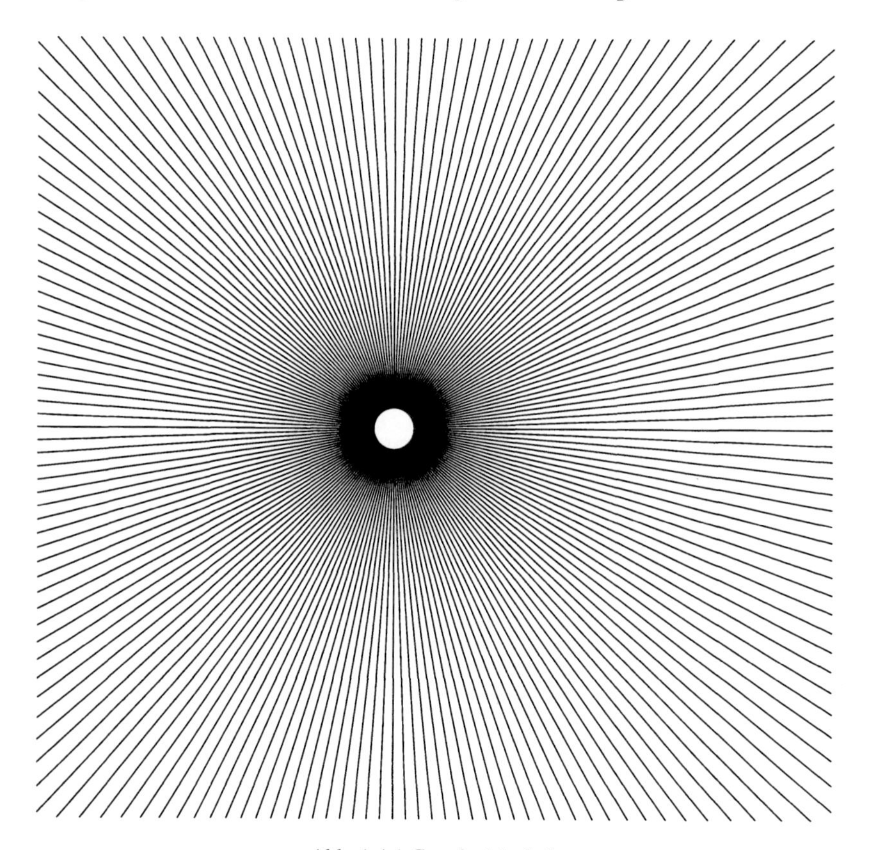

Abb. 1.4.1 Geradenbüschel

Diesem Geradenbüschel überlagern wir ein zweites, kongruentes Geradenbüschel, das aber seitlich versetzt ist (Abb. 1.4.2). Dies kann am besten durch Aufeinanderlegen von zwei mit dem Geradenbüschel bedruckten Transparentfolien geschehen. Dann kann auch die seitliche Versetzung variiert werden, oder, was einen besonders interessanten Effekt ergibt, eine Folie langsam verdreht werden. Was sehen wir denn?

Abb. 1.5.2 Überlagerung

Wir sehen Geisterkreise, die sämtliche durch die beiden Zentren der Geradenbüschel verlaufen. Eigentlich sind in diesem Bild immer nur Schnittpunkte von zwei Geraden zu sehen. Diese liegen aber offensichtlich auf Kreisen, welche durch das ausgesparte Weiß sichtbar werden. Daher haben wir nun doch Schnittpunkte von drei Objekten.

Bei diesen Kreisen handelt es sich um Ortsbogen, welche Peripheriewinkel gleicher Größe einfassen.

1.4.2 Kreisbüschel

Wir überlagern zwei kongruente Kreisbüschel gemäß Abbildung 1.4.3. Die Radien der Kreisbüschel sind leicht exponentiell wachsend, das ergibt einen besseren optischen Effekt.

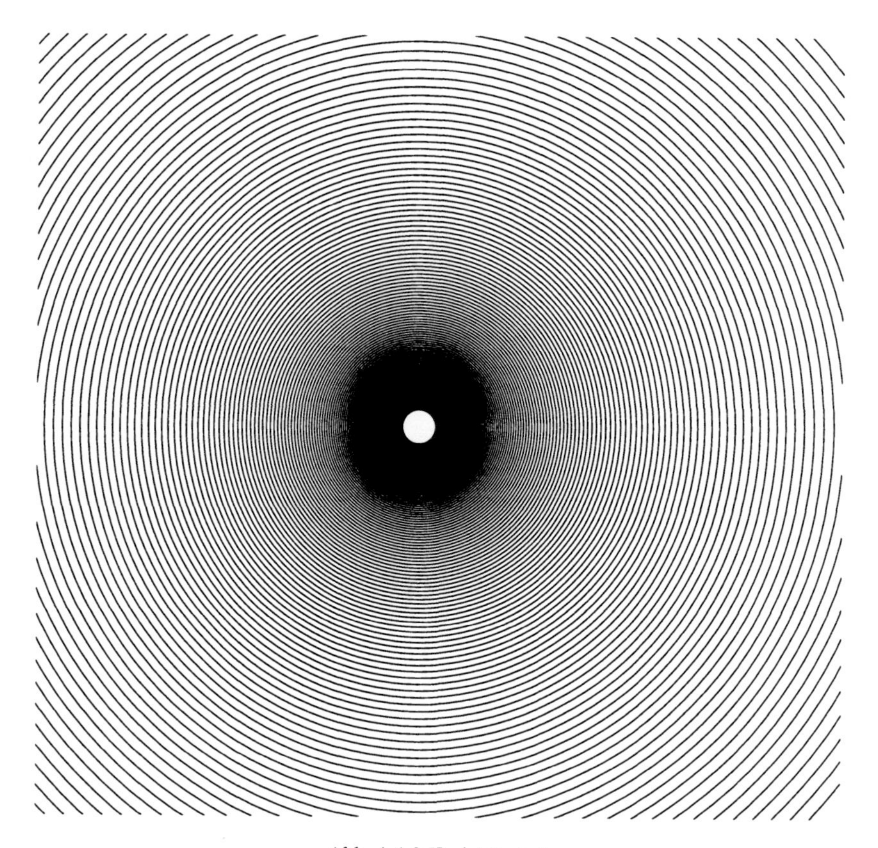

Abb. 1.4.3 Kreisbüschel

In der Überlagerung sehen wir zusätzliche Kreise, in diesem Fall sind es Verhältniskreise des Apollonius (Abb. 1.4.4).

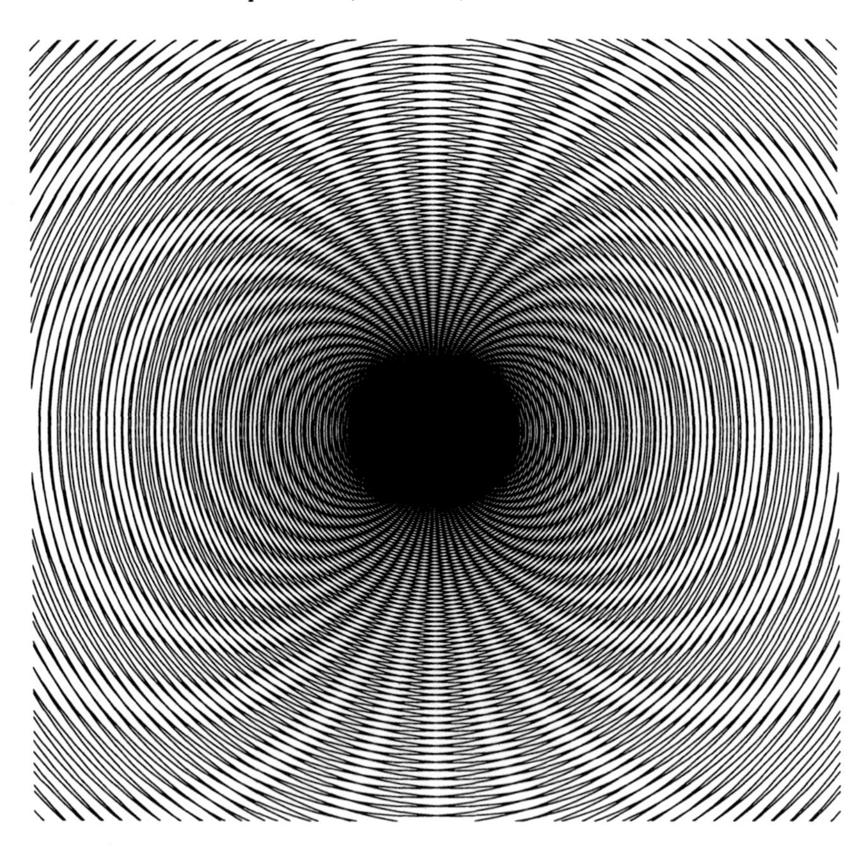

Abb. 1.4.4 Verhältniskreise des Apollonius

2 Die 99 Schnittpunkte

Die Bildsequenzen der 99 Schnittpunkte sind im Sinne einer „minimal art“ als Bilder ohne Worte konzipiert. Dabei wurde folgende grafische Systematik verwendet:

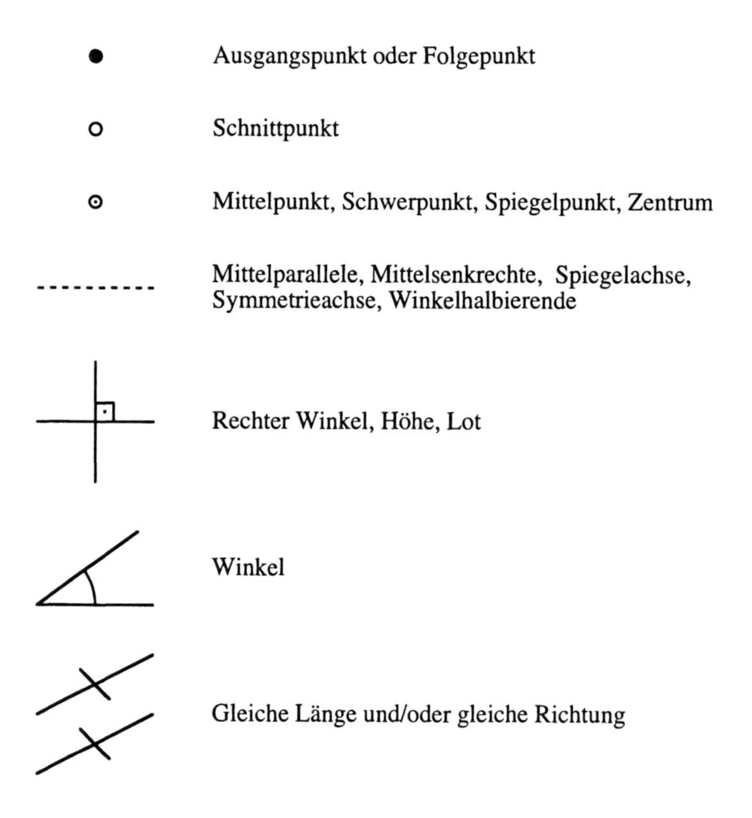

Die drei kleinen Bilder im Querstreifen deuten die Entstehung der Gesamtfigur an.

Gegebenenfalls finden sich unterhalb der Figur Literaturangaben oder Hinweise auf Anregungen, die zu diesen Figuren geführt haben.

Schnittpunkt 1

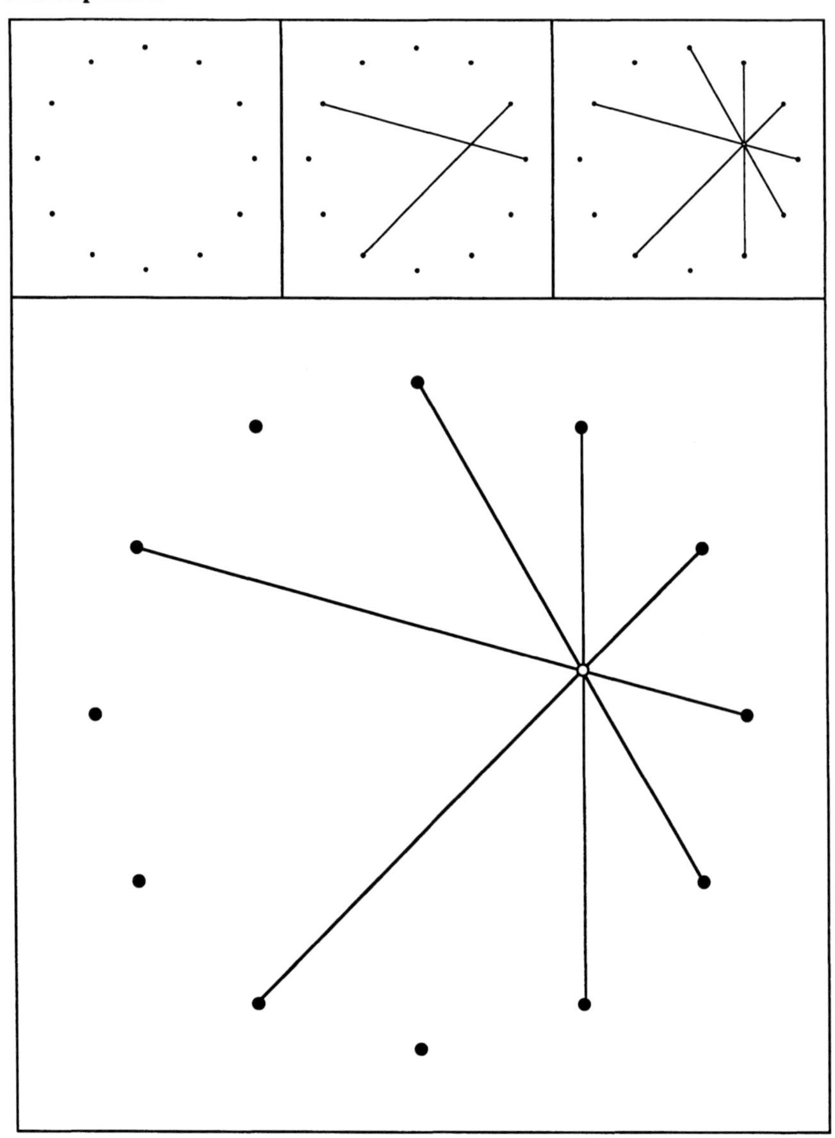

Zwölfeck mit Diagonalen

Schnittpunkt 2

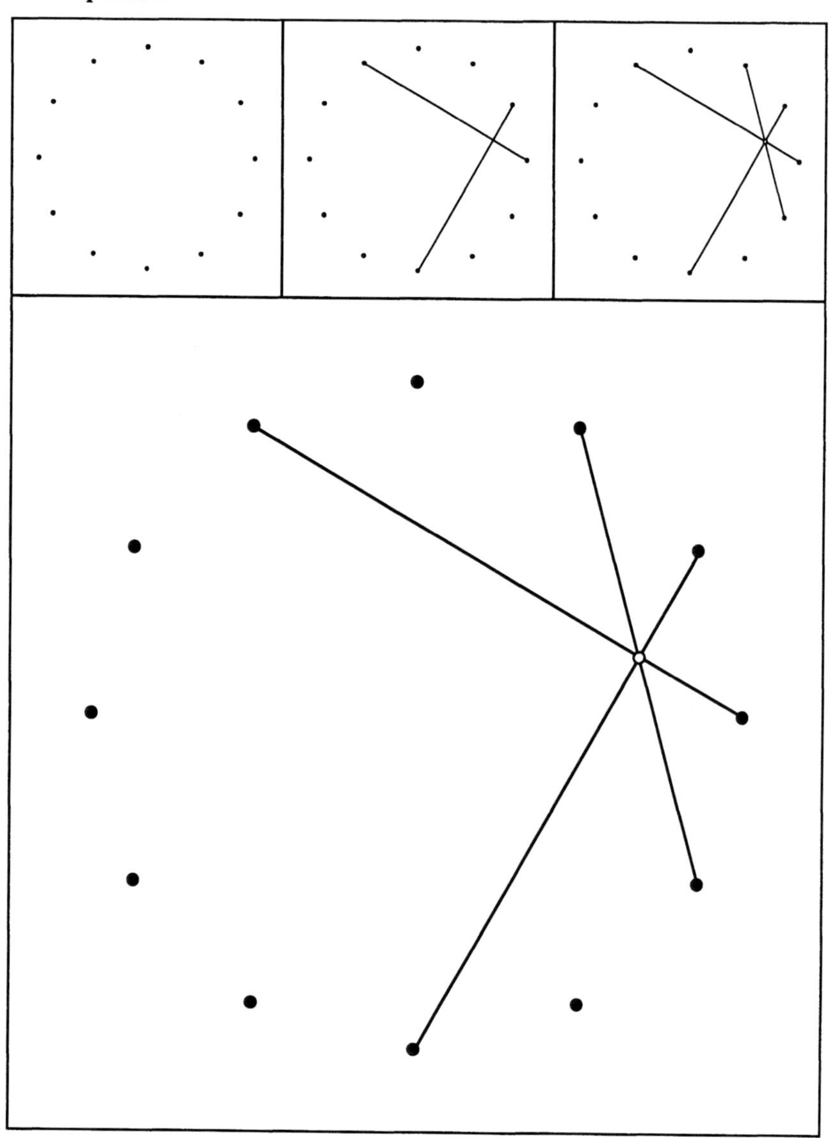

Zwölfeck mit Diagonalen

Schnittpunkt 3

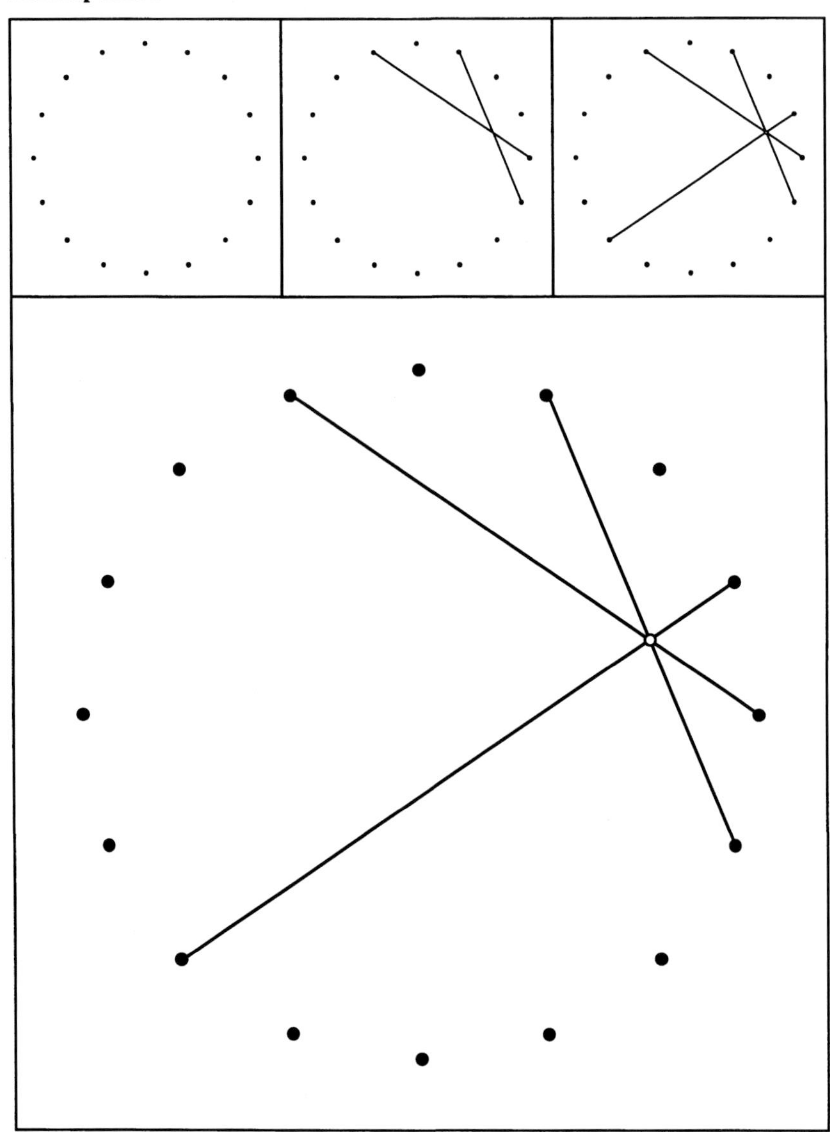

16-Eck mit Diagonalen

Schnittpunkt 4

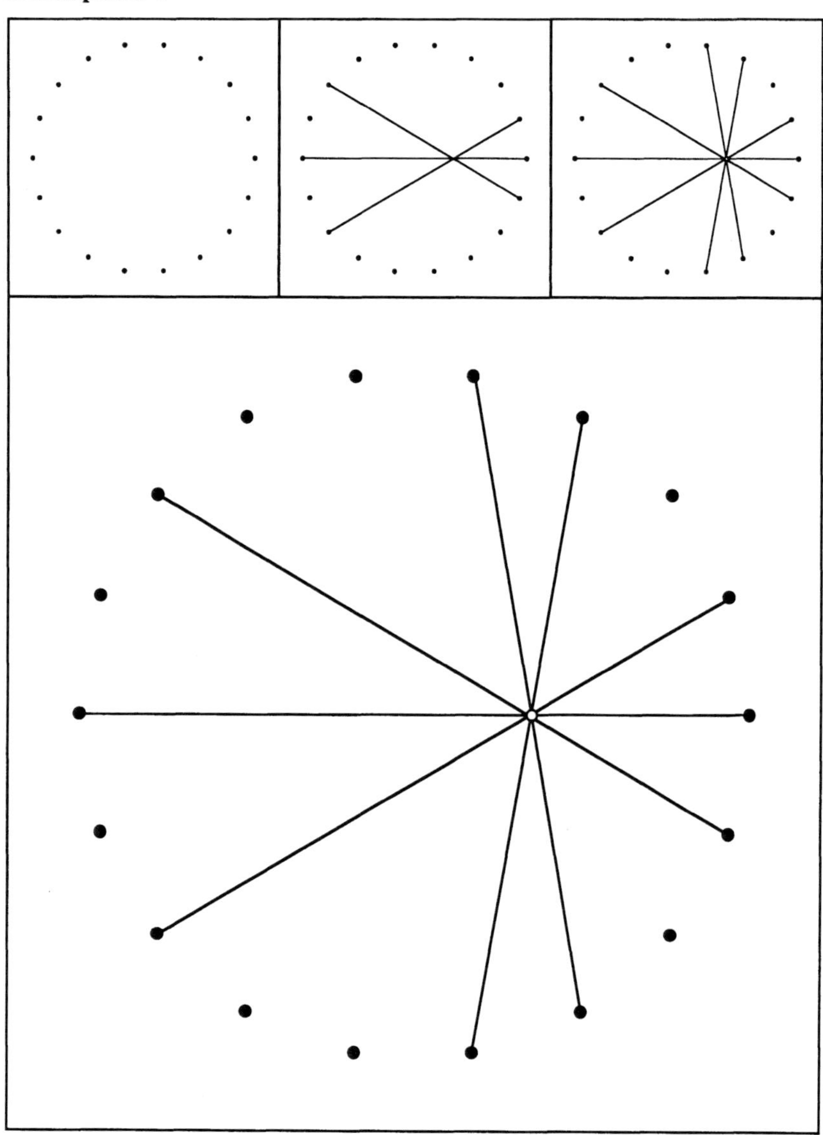

18-Eck mit Diagonalen

Schnittpunkt 5

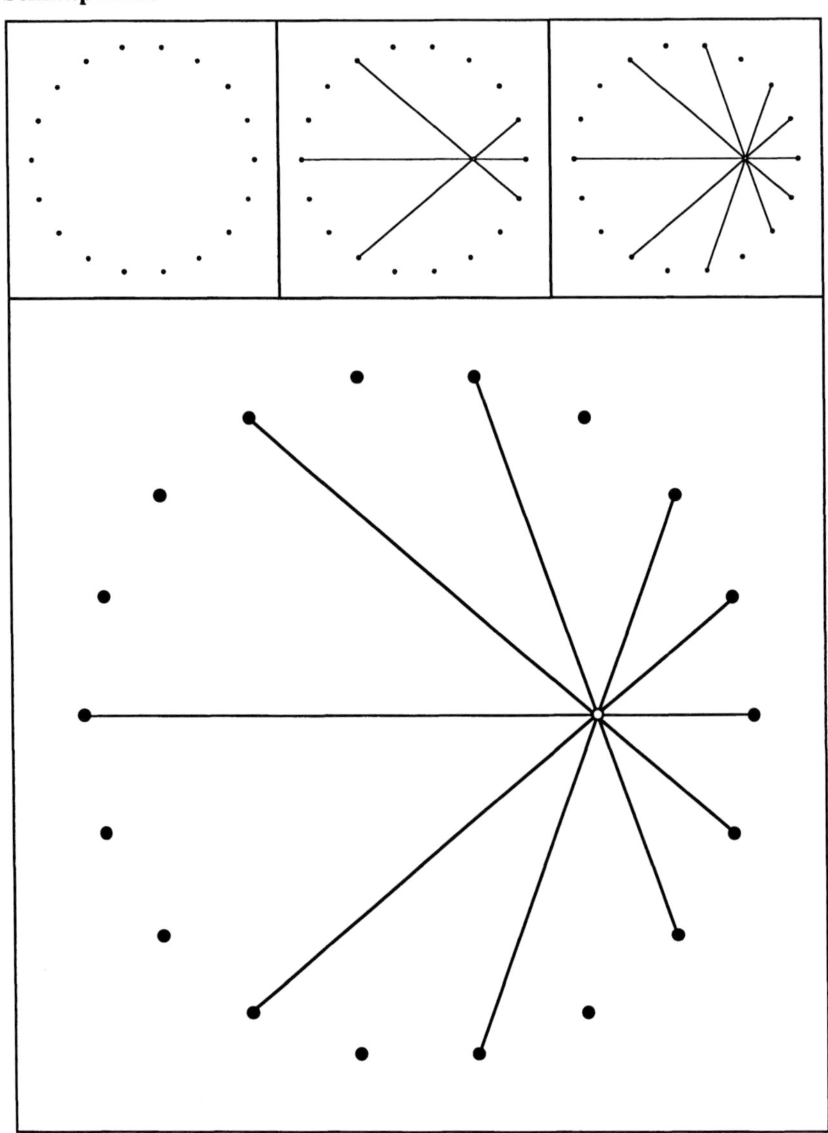

18-Eck mit Diagonalen

Schnittpunkt 6

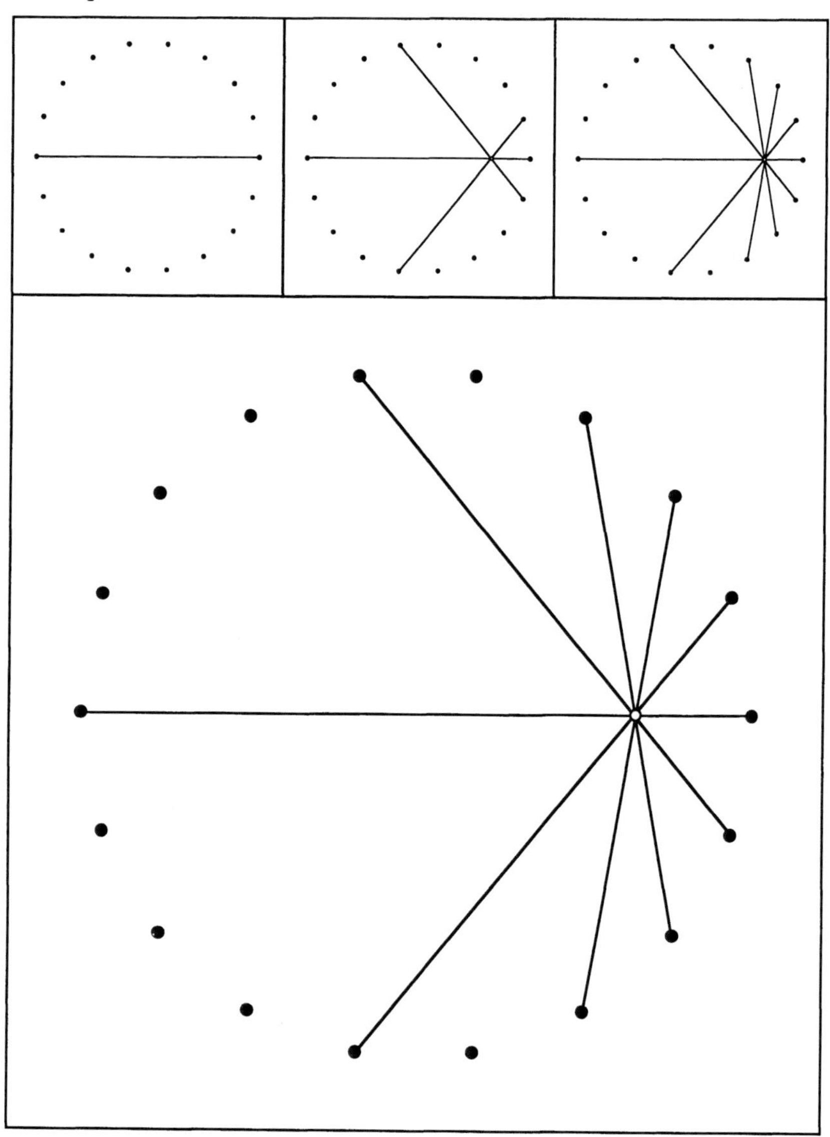

18-Eck mit Diagonalen

Schnittpunkt 7

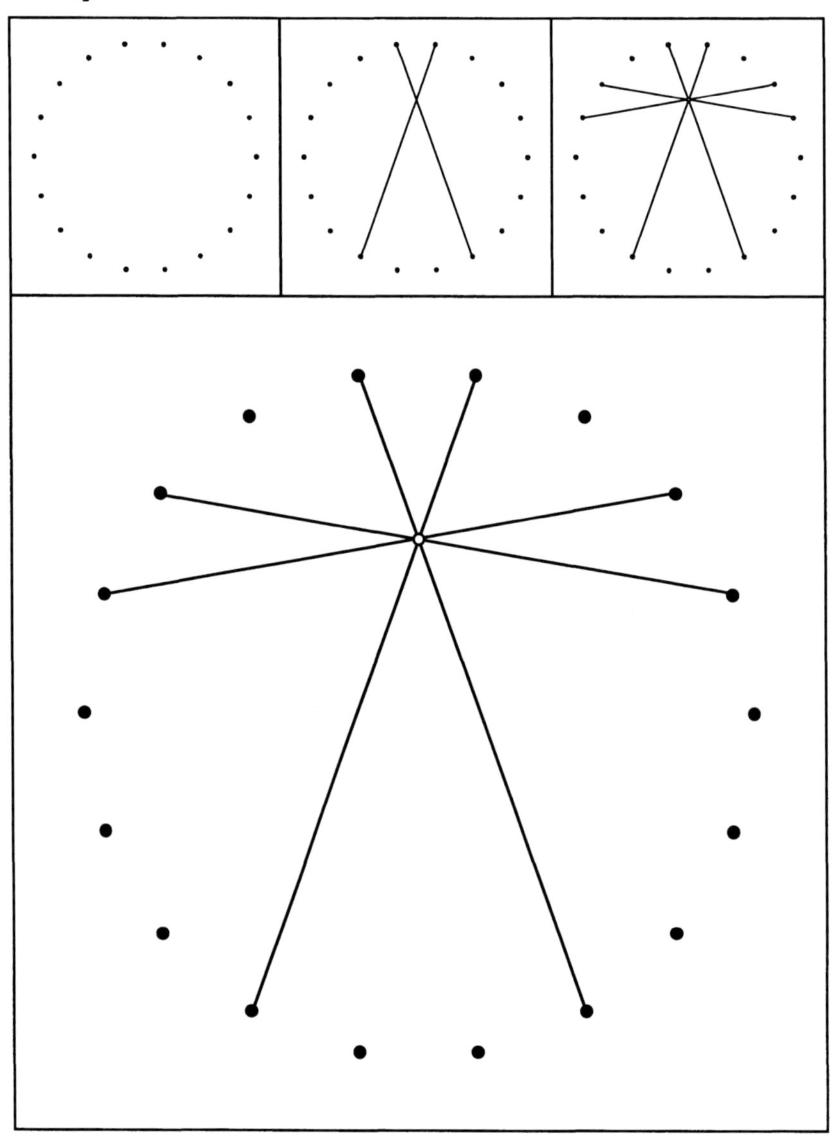

18-Eck mit Diagonalen

Schnittpunkt 8

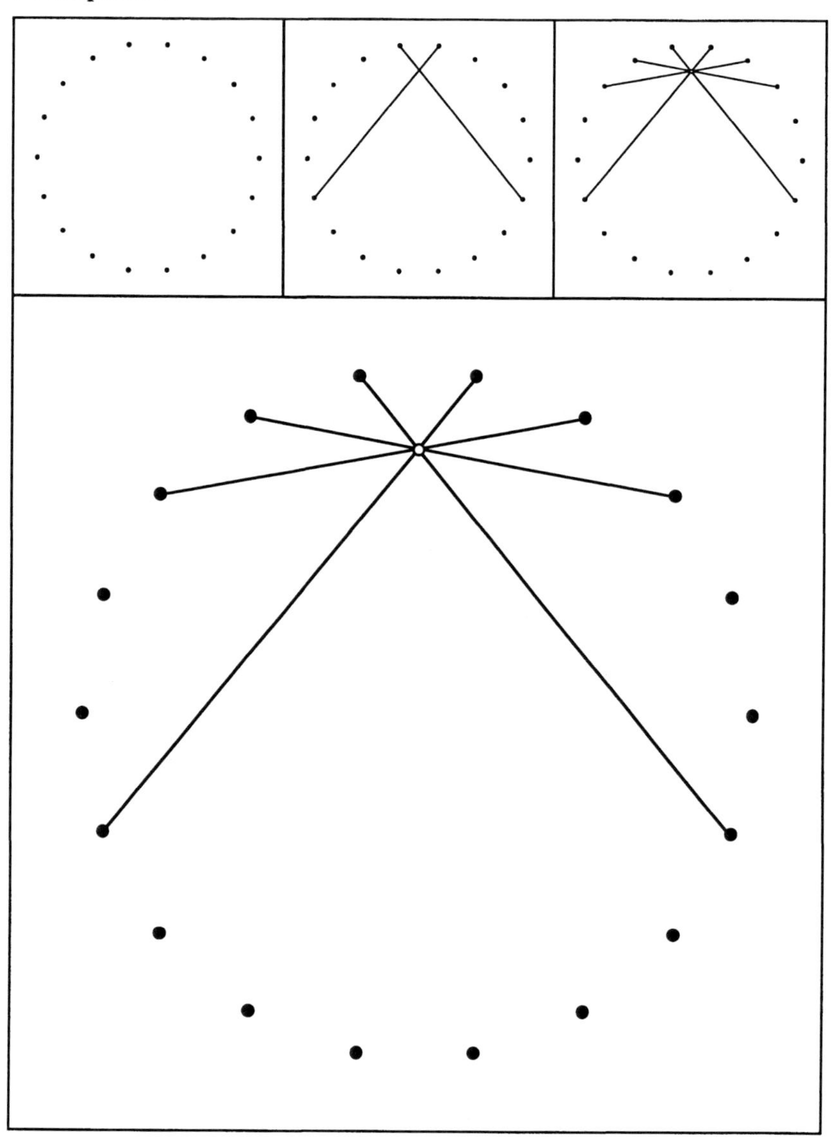

18-Eck mit Diagonalen

Schnittpunkt 9

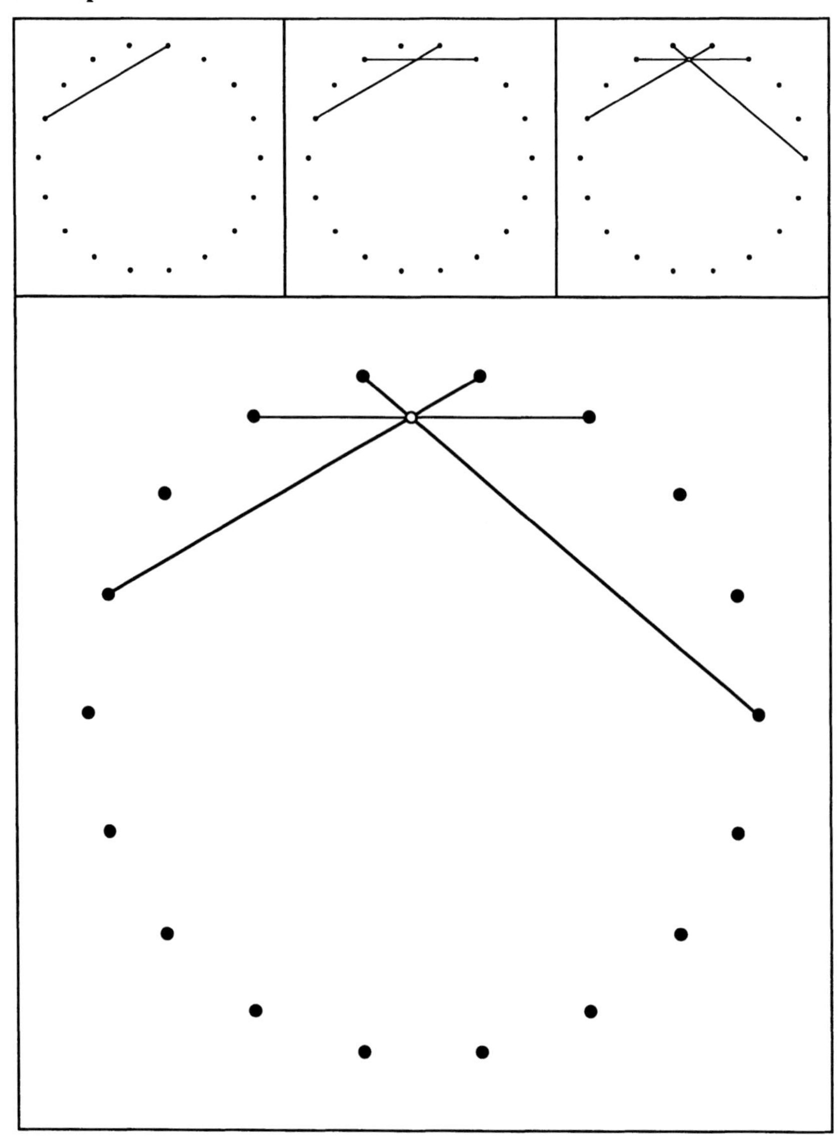

18-Eck mit Diagonalen

Schnittpunkt 10

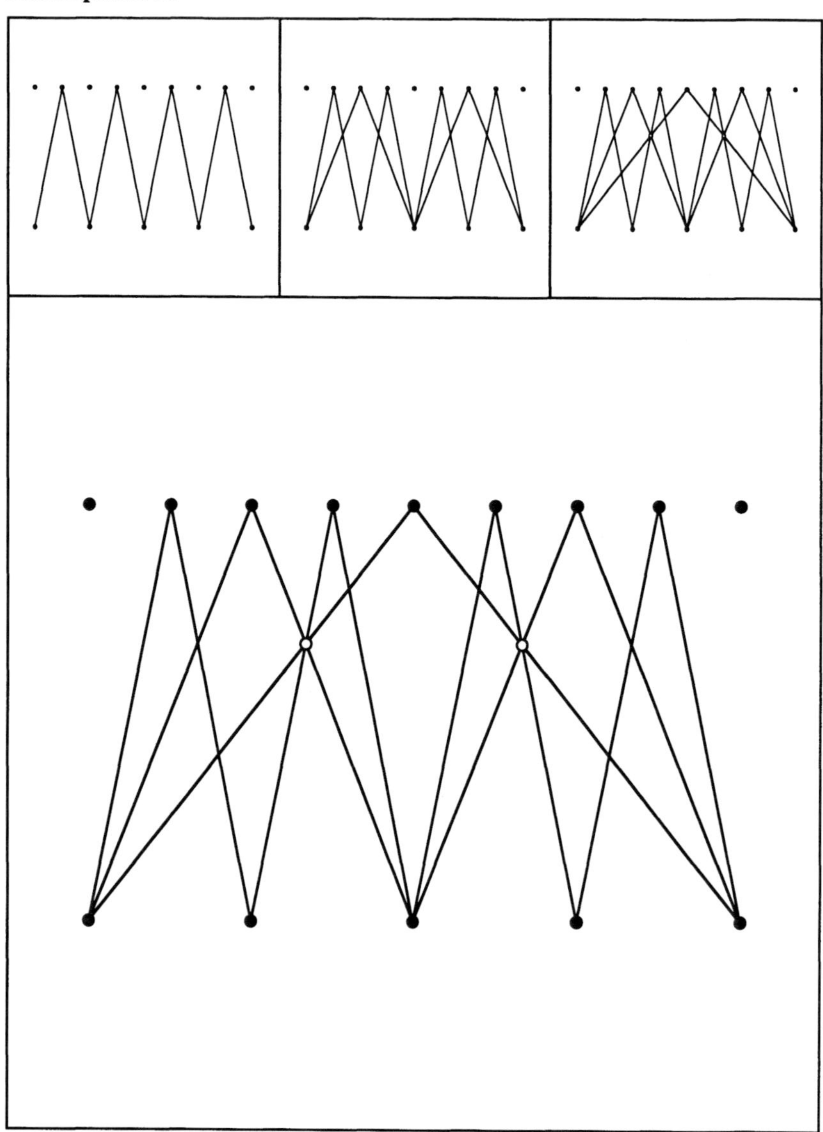

Zickzack

Schnittpunkt 11

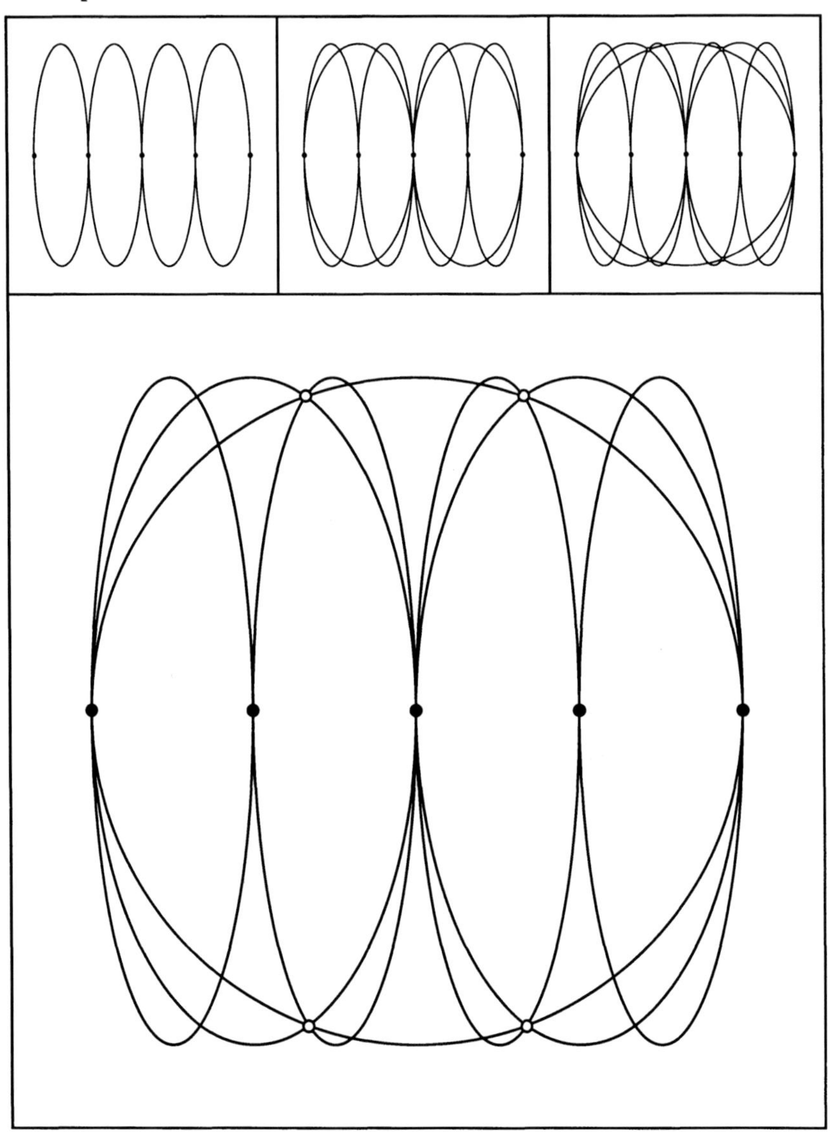

Ellipsen

Schnittpunkt 12

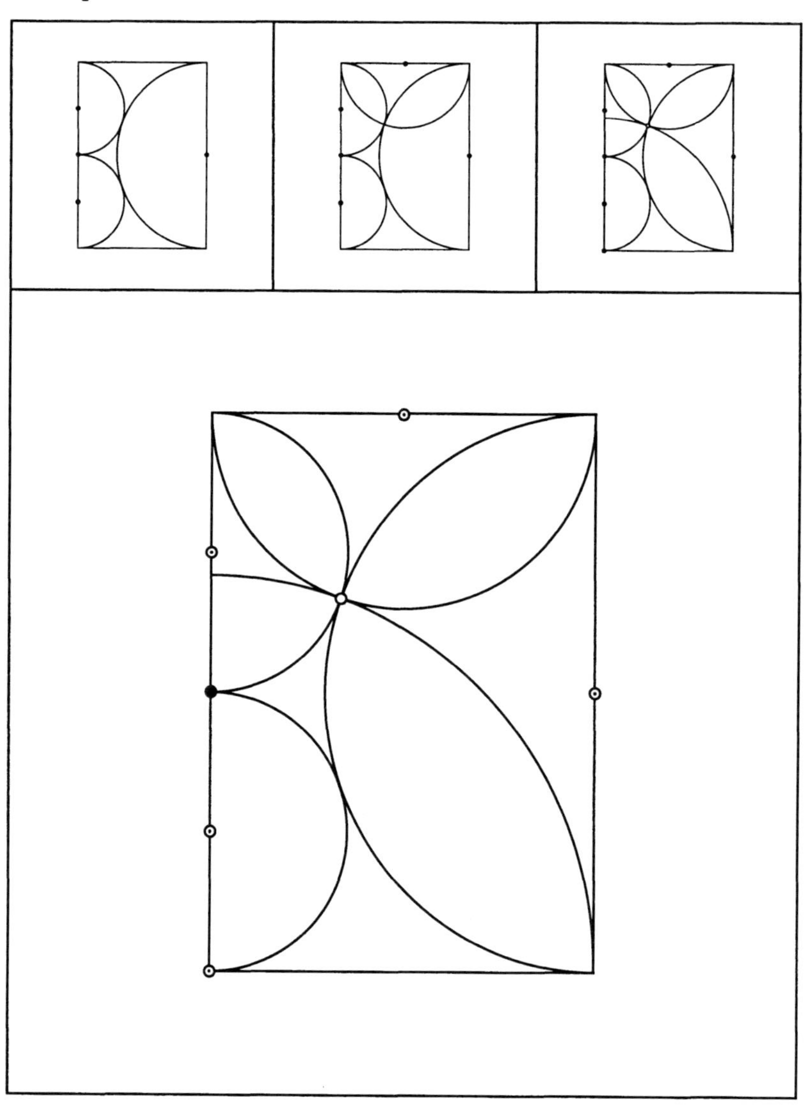

DIN-Format

Schnittpunkt 13

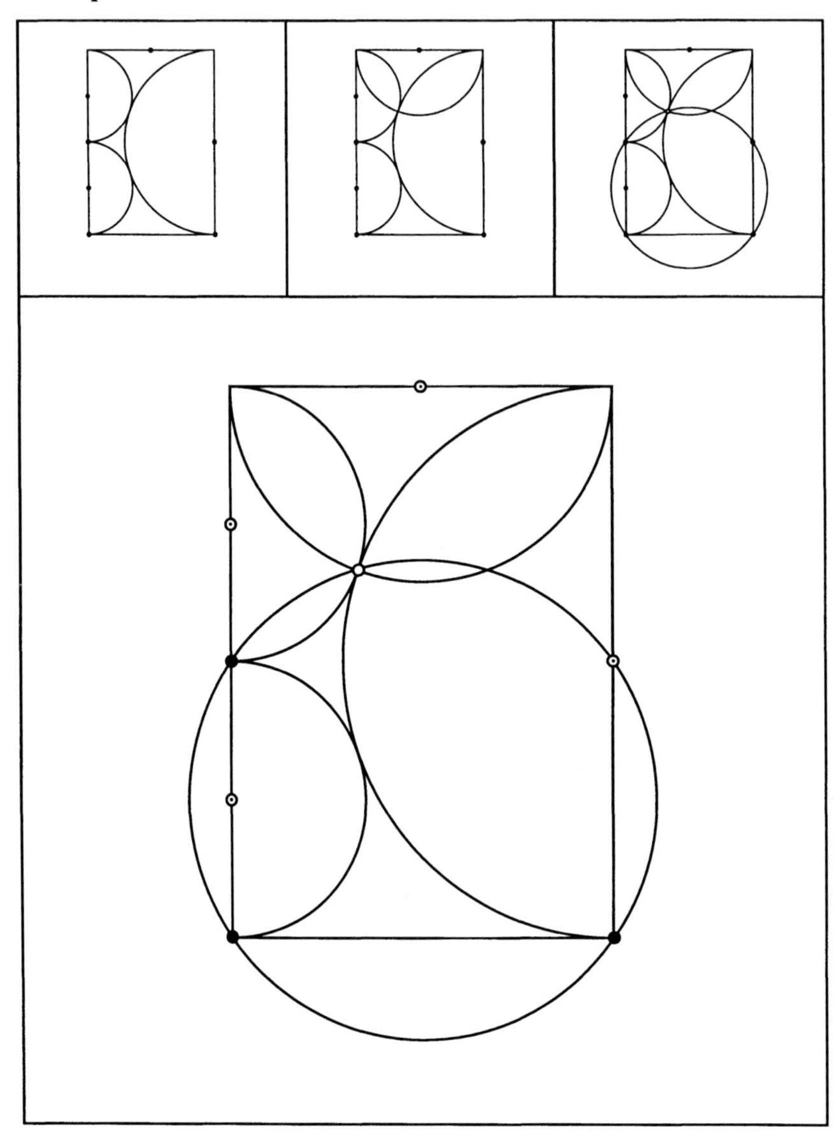

DIN-Format

Schnittpunkt 14

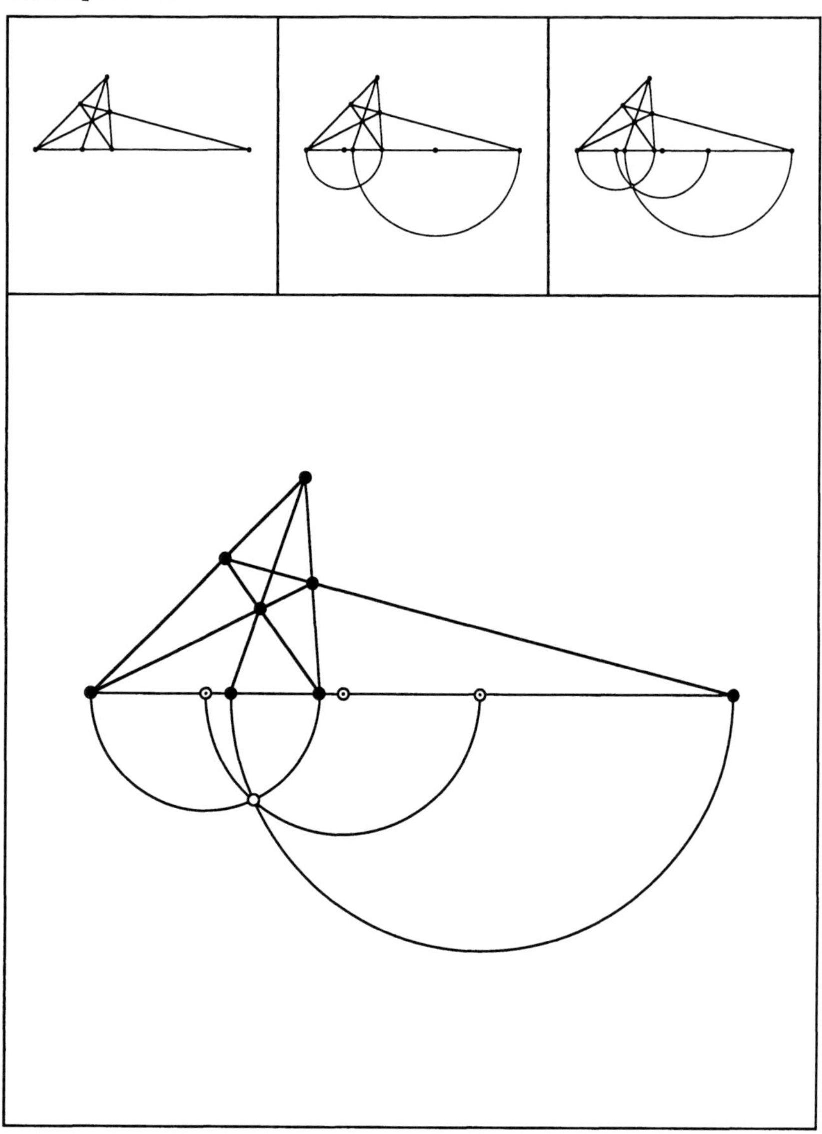

Drei Thaleskreise

Schnittpunkt 15

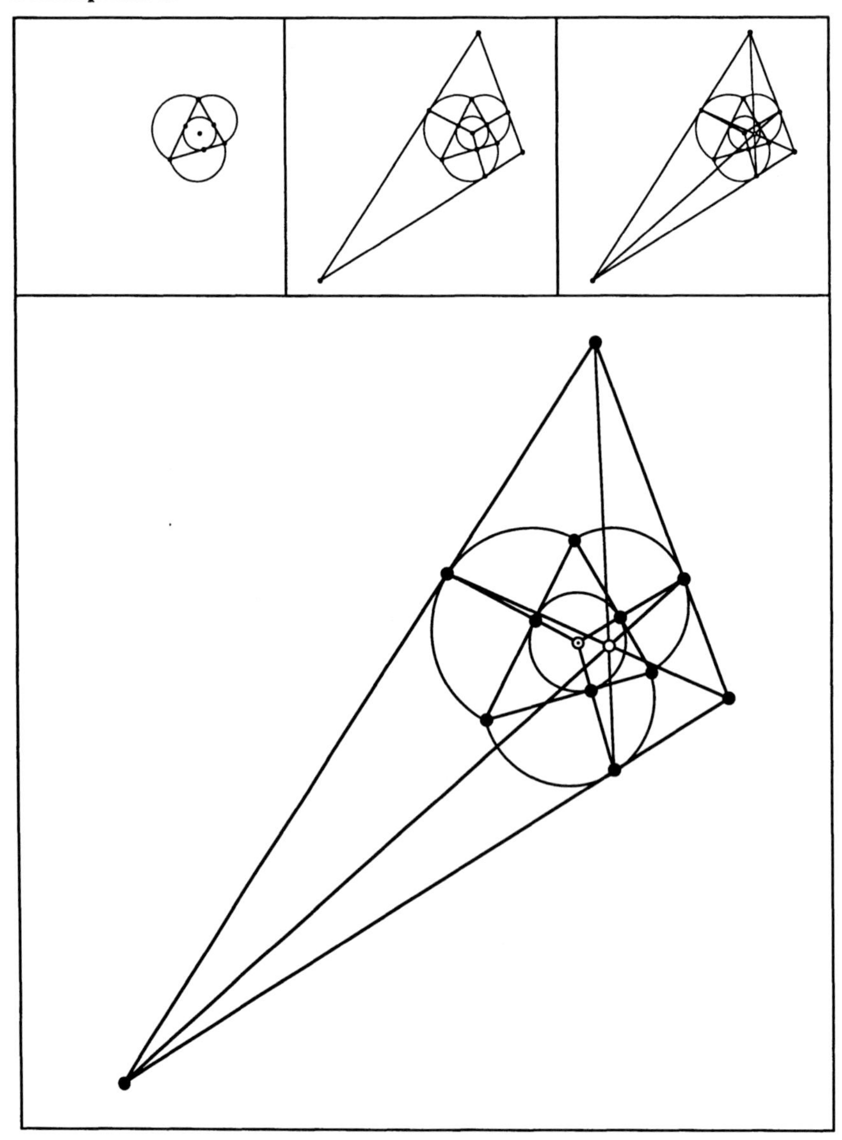

Anregung: Wolfgang Kroll

Schnittpunkt 16

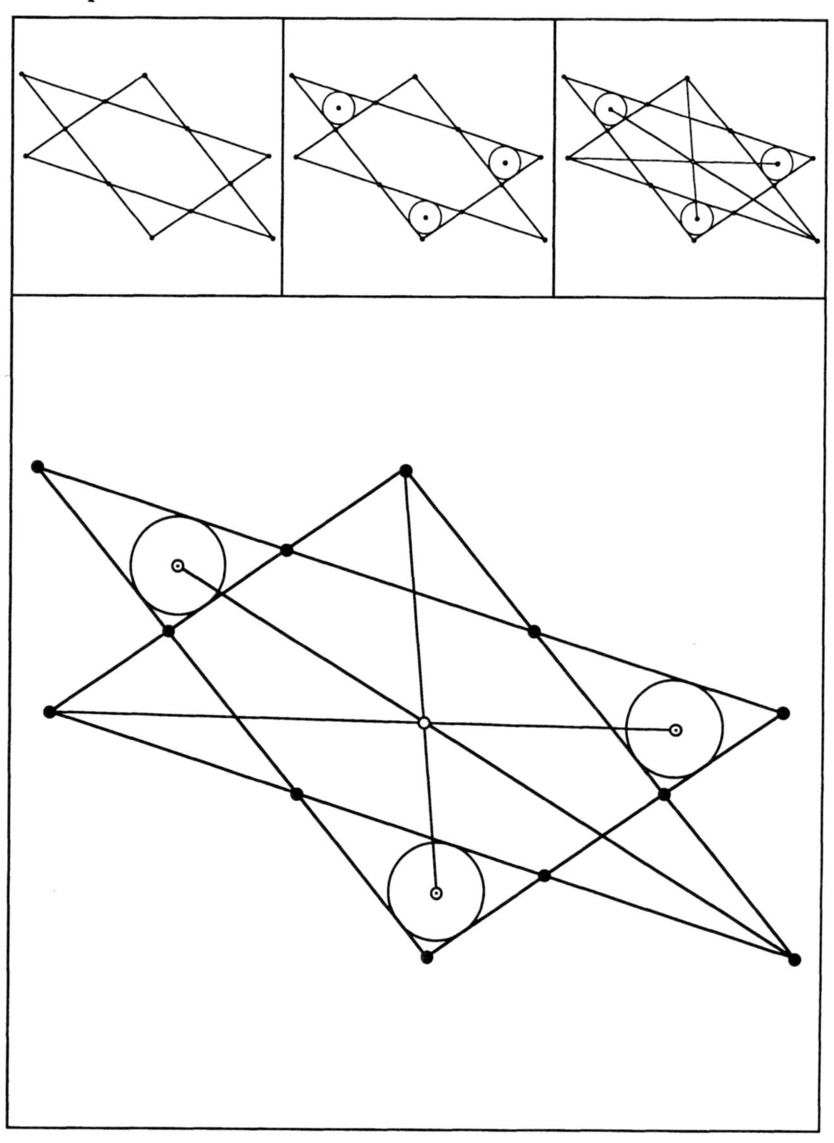

Affin verzerrter Davidstern mit Inkreisen

Schnittpunkt 17

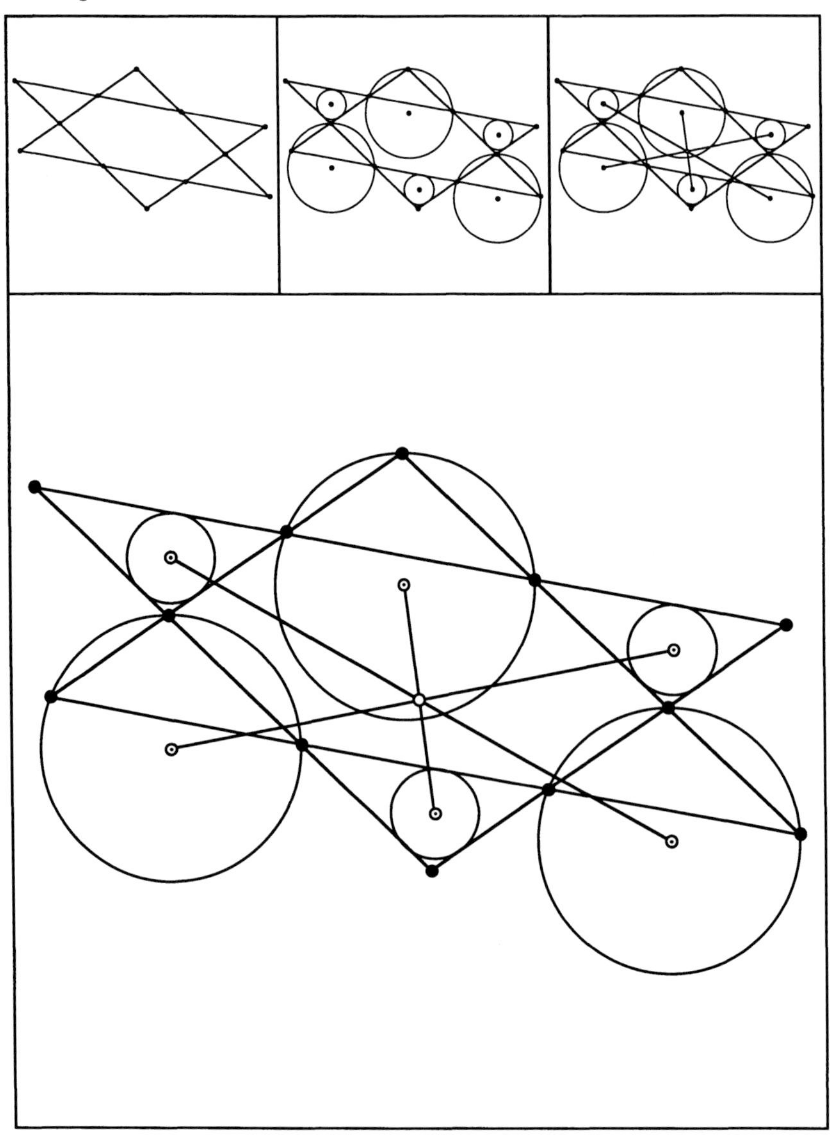

Affin verzerrter Davidstern mit Inkreisen um Umkreisen

Schnittpunkt 18

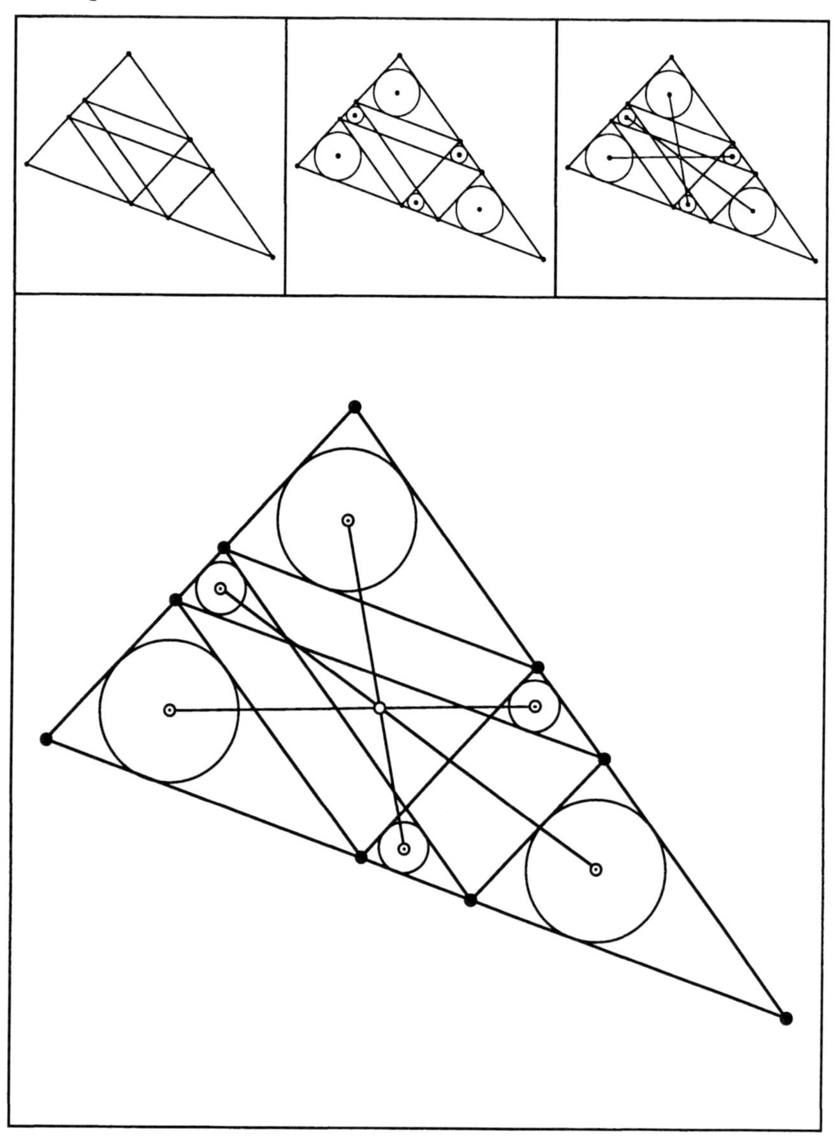

Rundweg (vgl. [Kroll 1990]) im Dreieck mit Inkreisen

Schnittpunkt 19

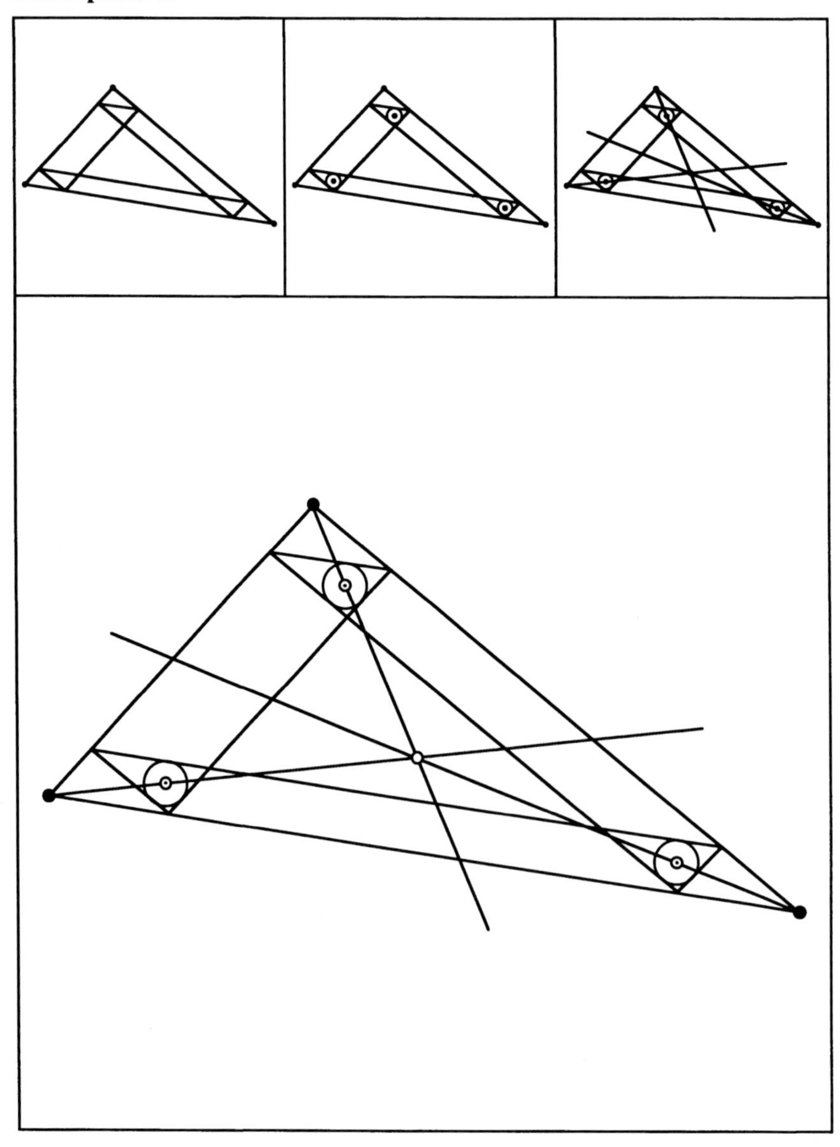

Rundweg (vgl. [Kroll 1990]) und Inkreise

Schnittpunkt 20

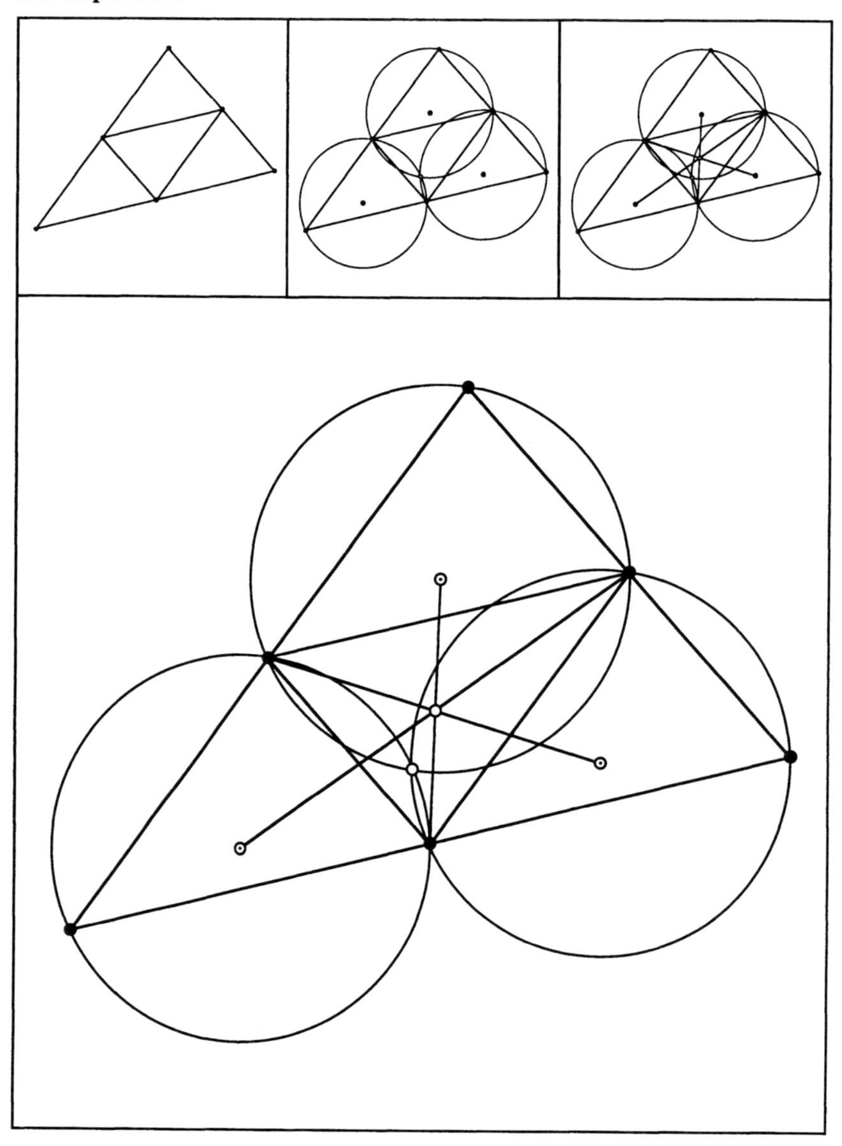

Viertelsdreiecke mit Umkreisen

Schnittpunkt 21

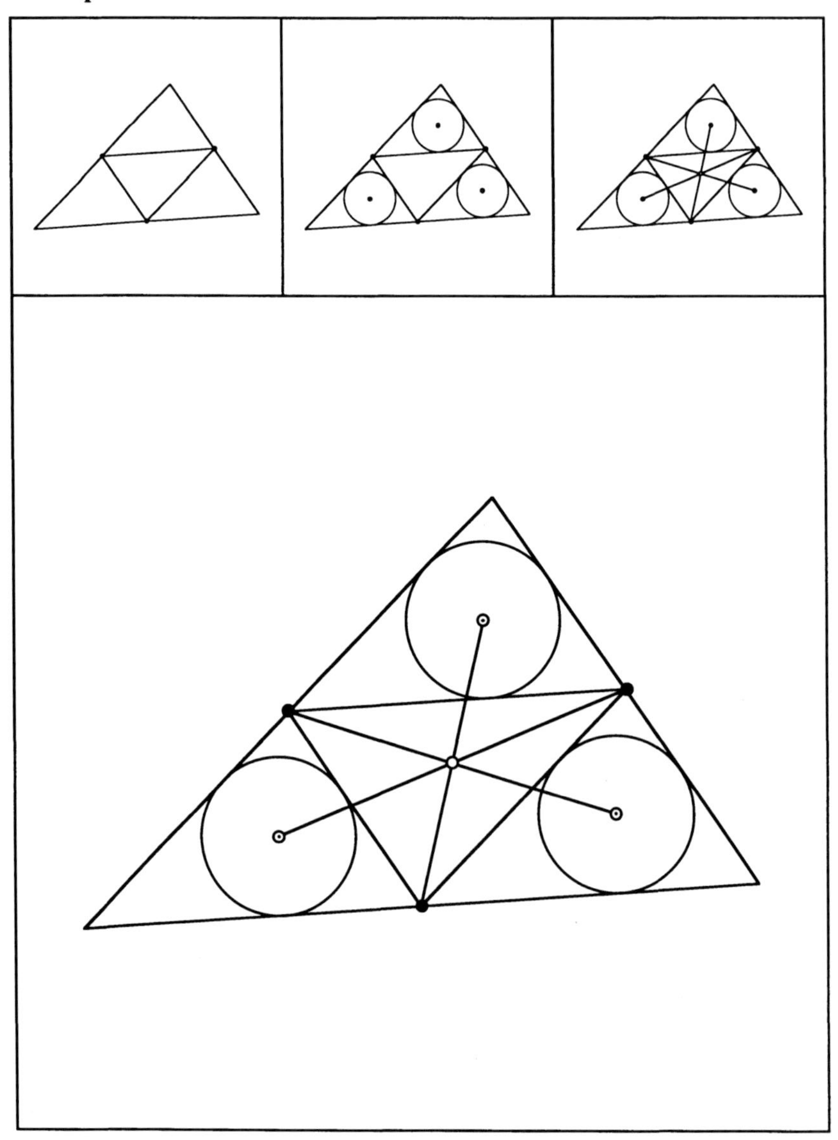

Viertelsdreiecke mit Inkreisen

Schnittpunkt 22

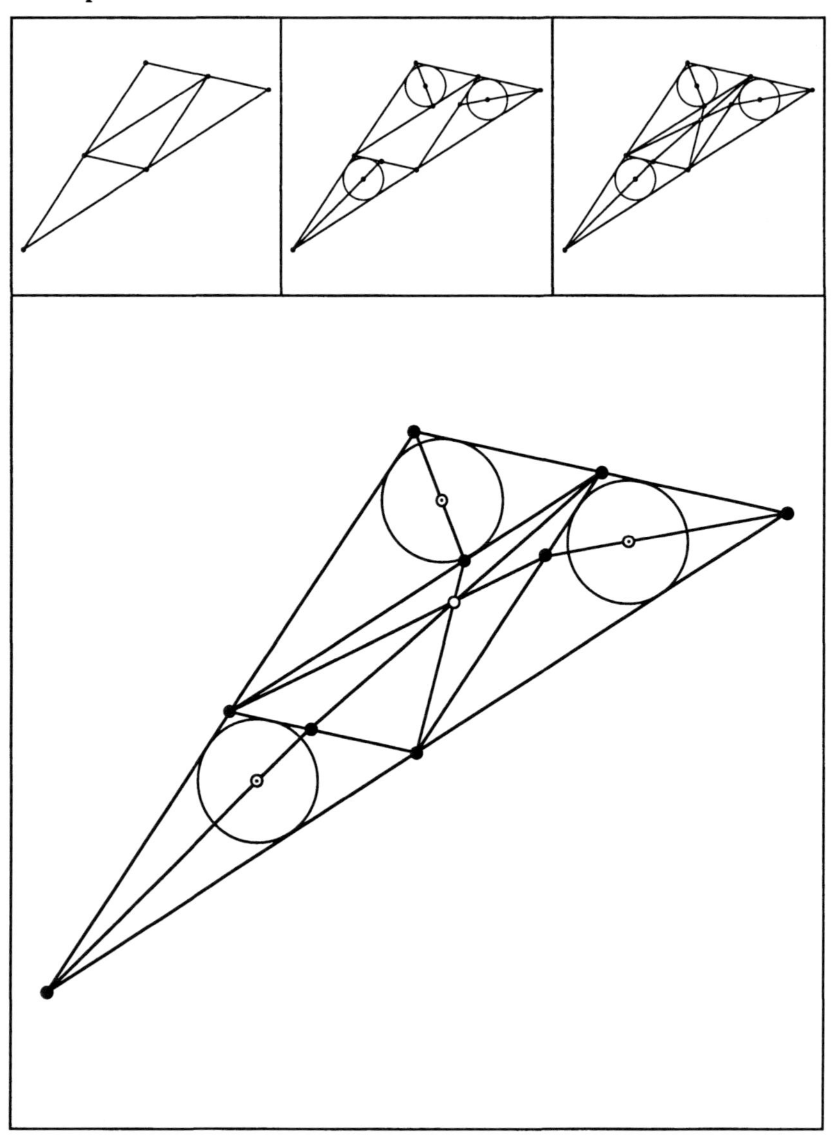

Viertelsdreiecke mit Inkreisen

Schnittpunkt 23

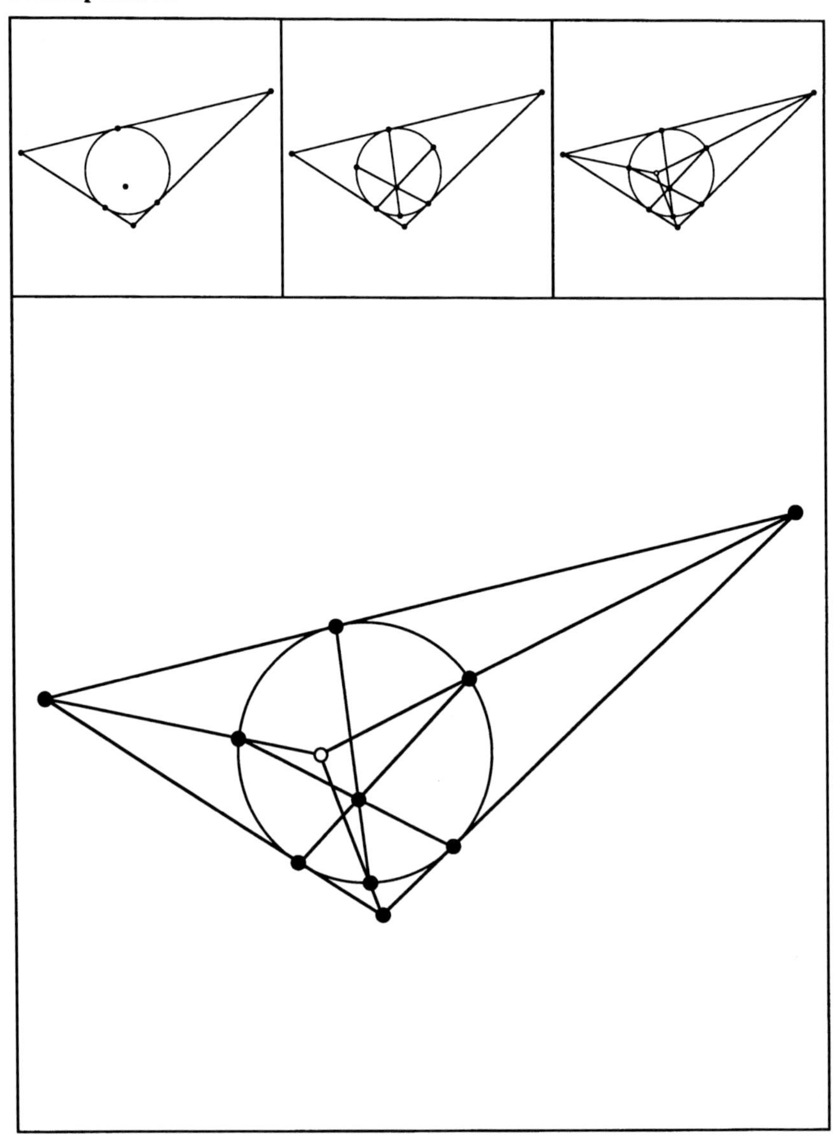

Anregung: Wolfgang Kroll

Schnittpunkt 24

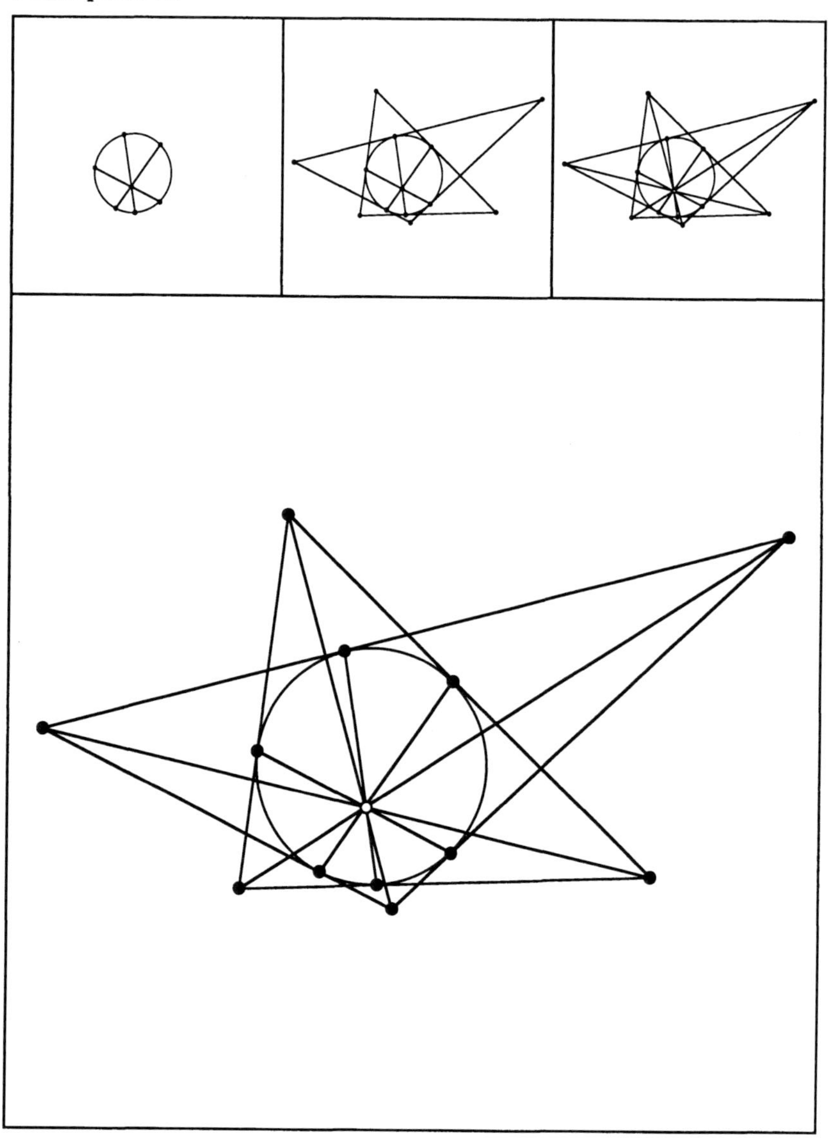

Zwei Dreiecke mit gleichem Inkreis. Anregung: Wolfgang Kroll

Schnittpunkt 25

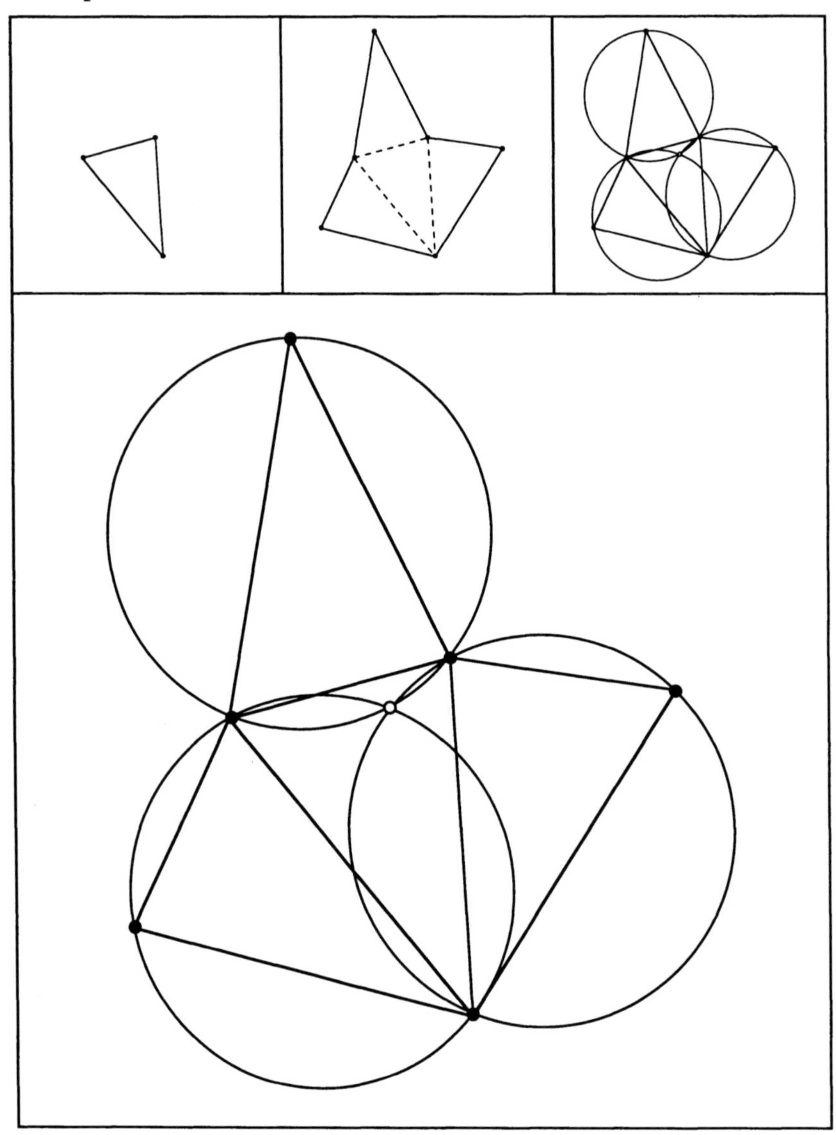

Gespiegelte Dreiecke mit Umkreisen

Schnittpunkt 26

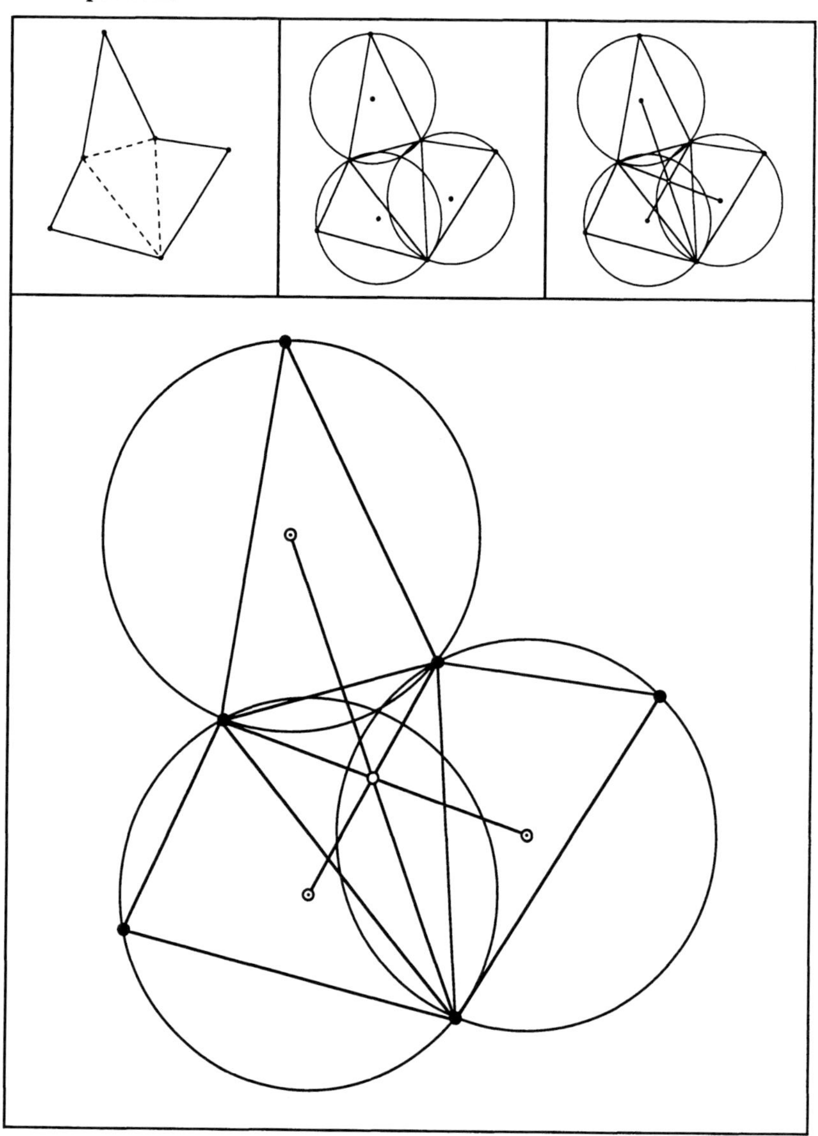

Gespiegelte Dreiecke mit Umkreisen

Schnittpunkt 27

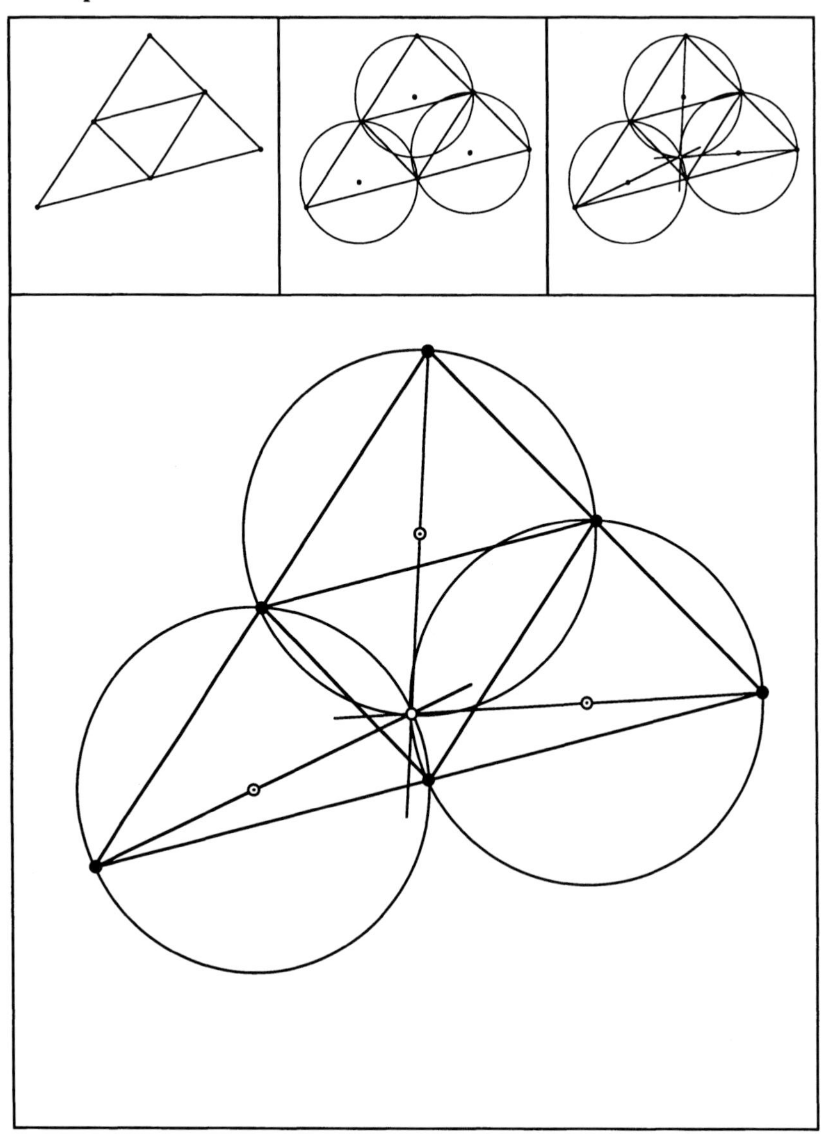

Viertelsdreiecke mit Umkreisen

Schnittpunkt 28

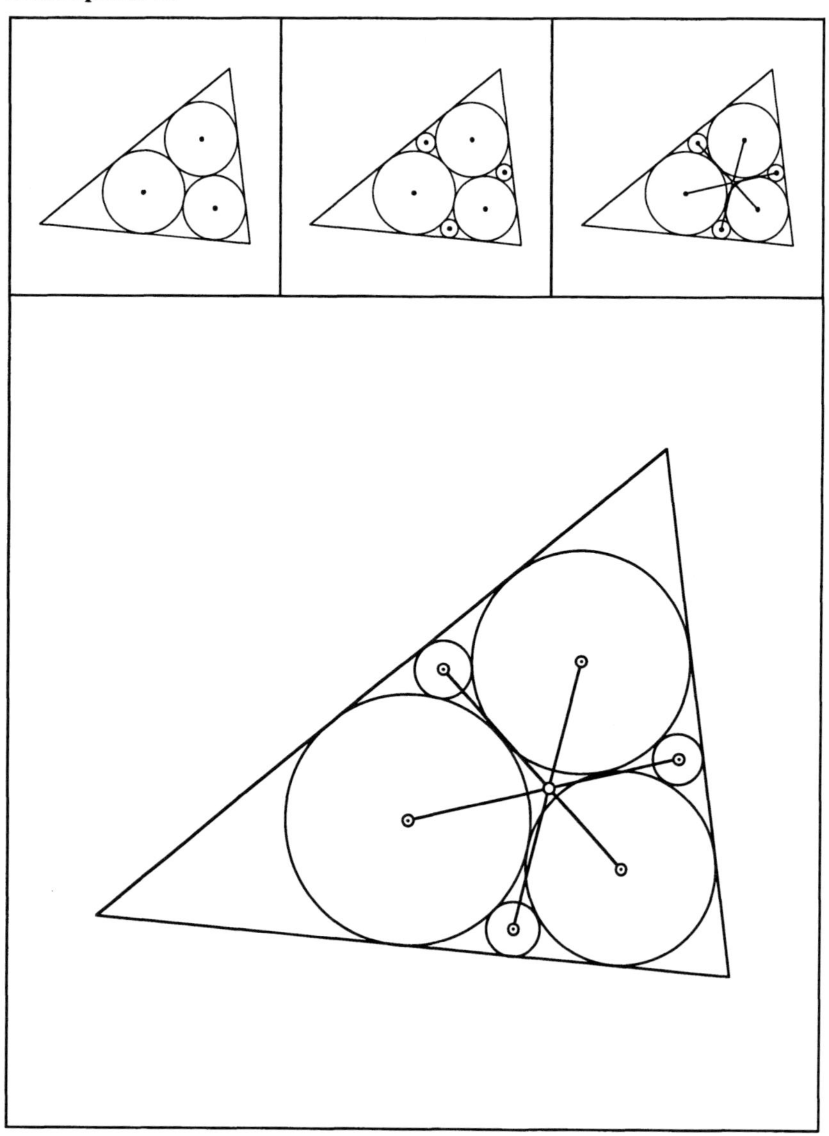

Omaggio a Gian Francesco Malfatti

Schnittpunkt 29

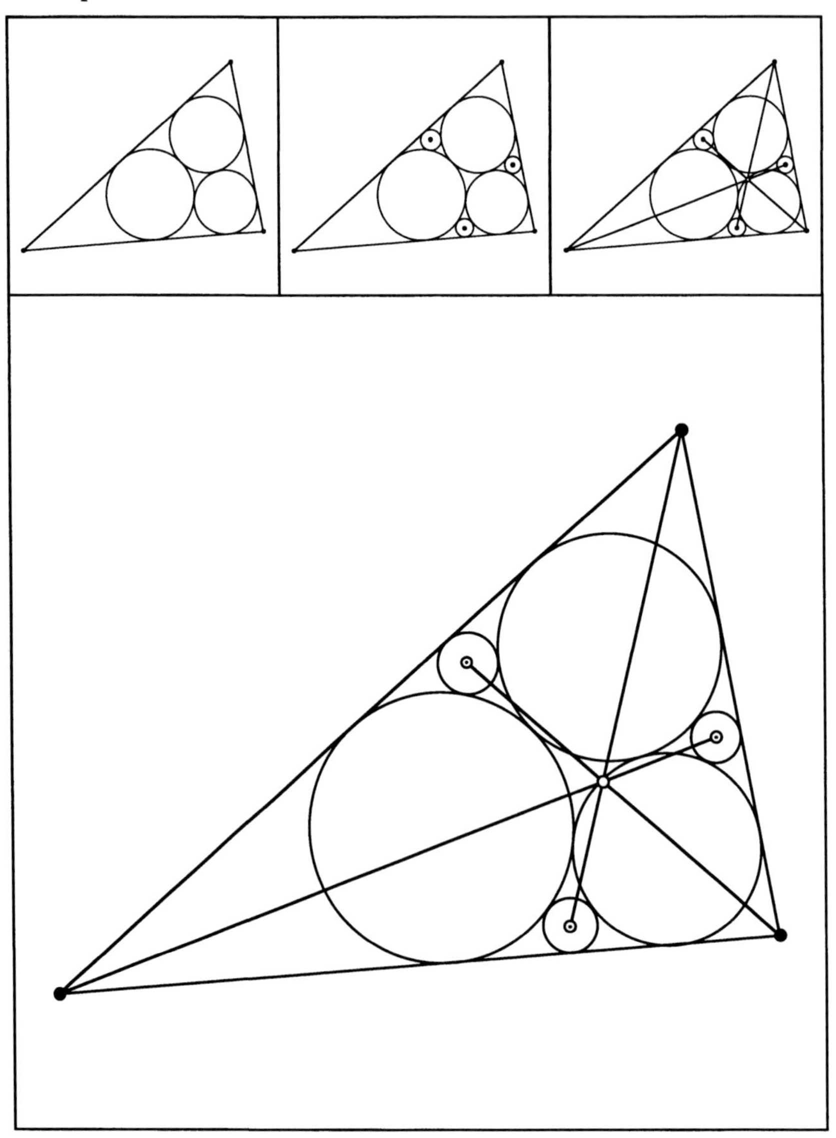

Malfatti und Inkreise

Schnittpunkt 30

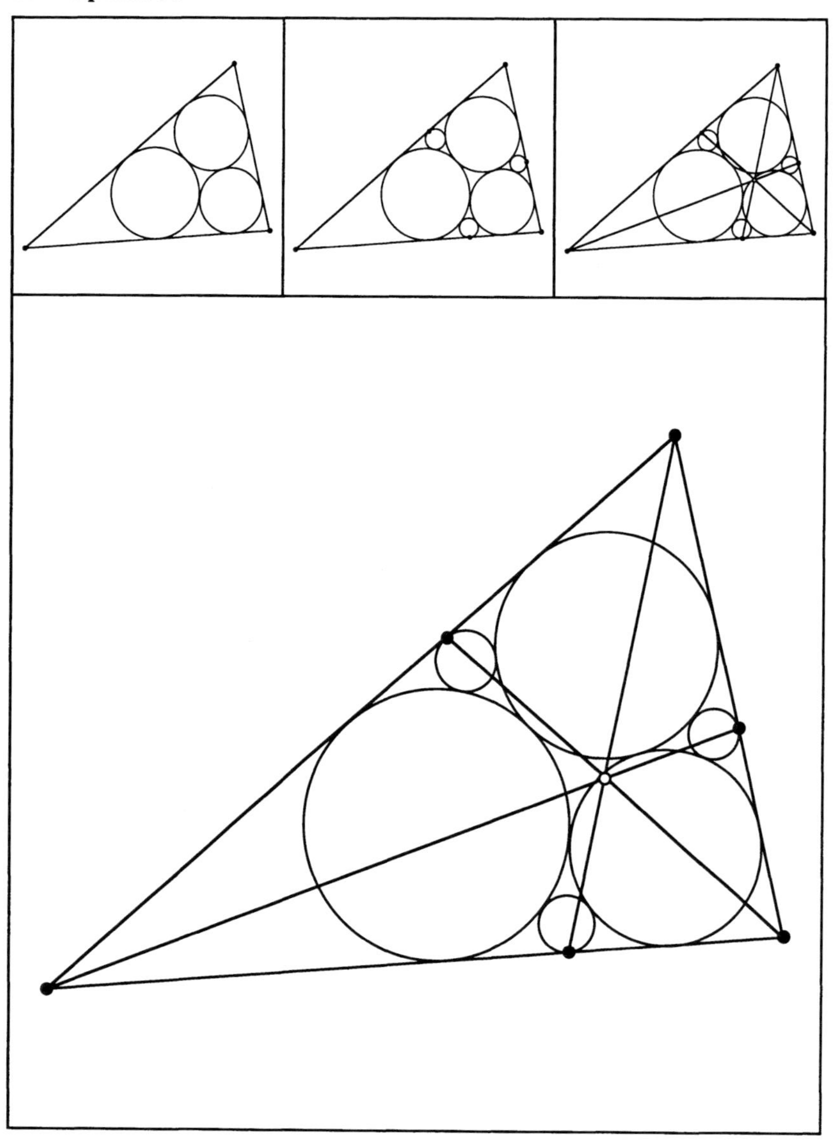

Malfatti und Berührungspunkte von Inkreisen

Schnittpunkt 31

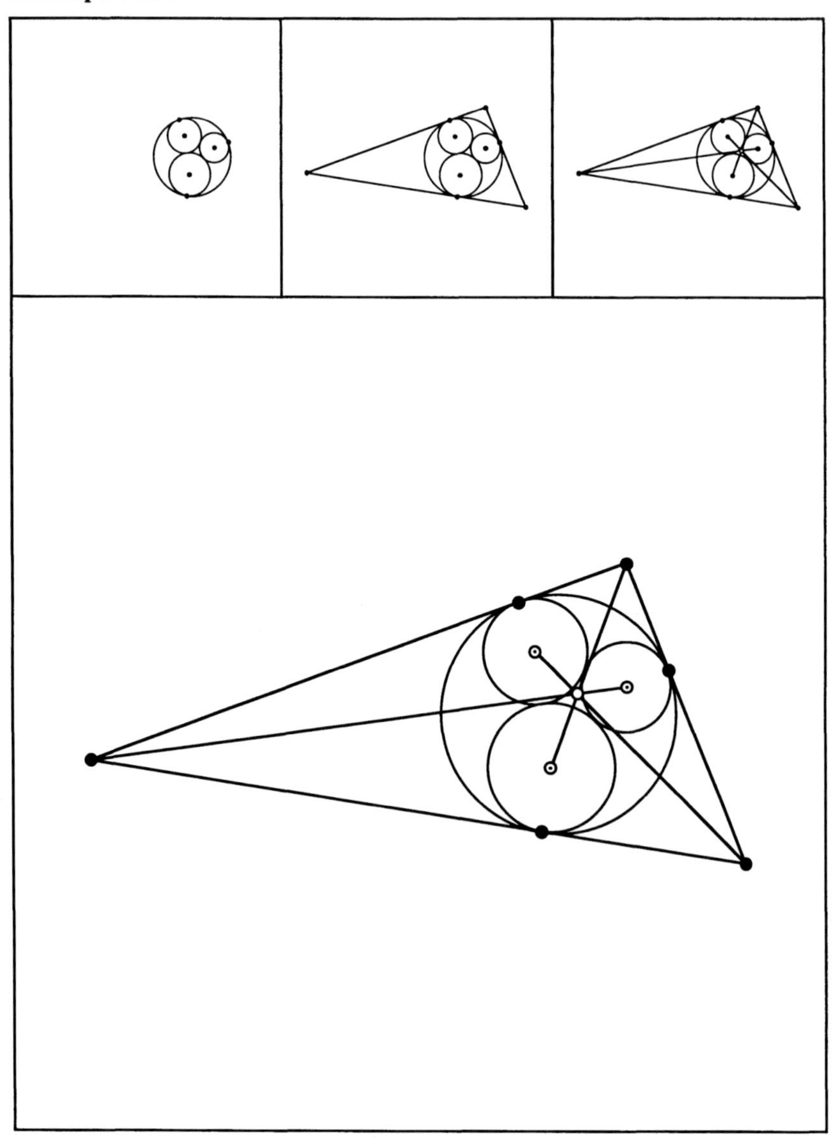

Kreise in Kreisen

Schnittpunkt 32

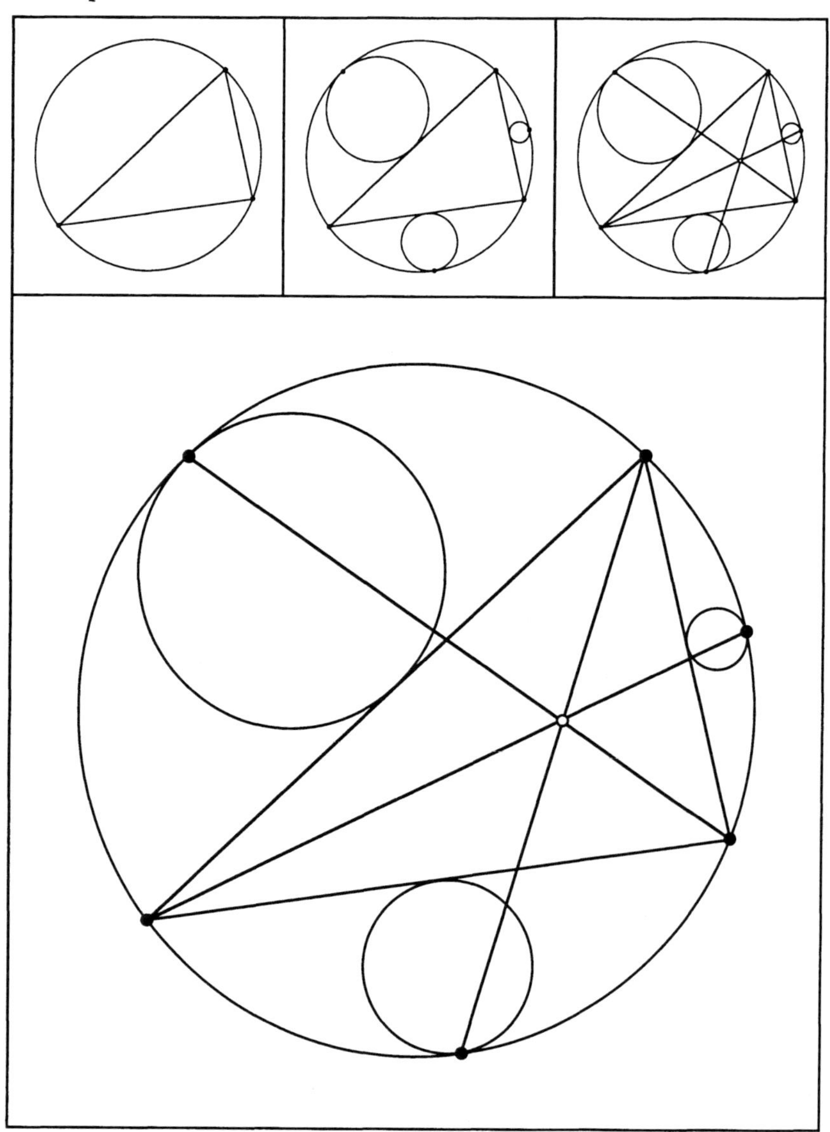

Vgl. Abschnitt 3.7.1

Schnittpunkt 33

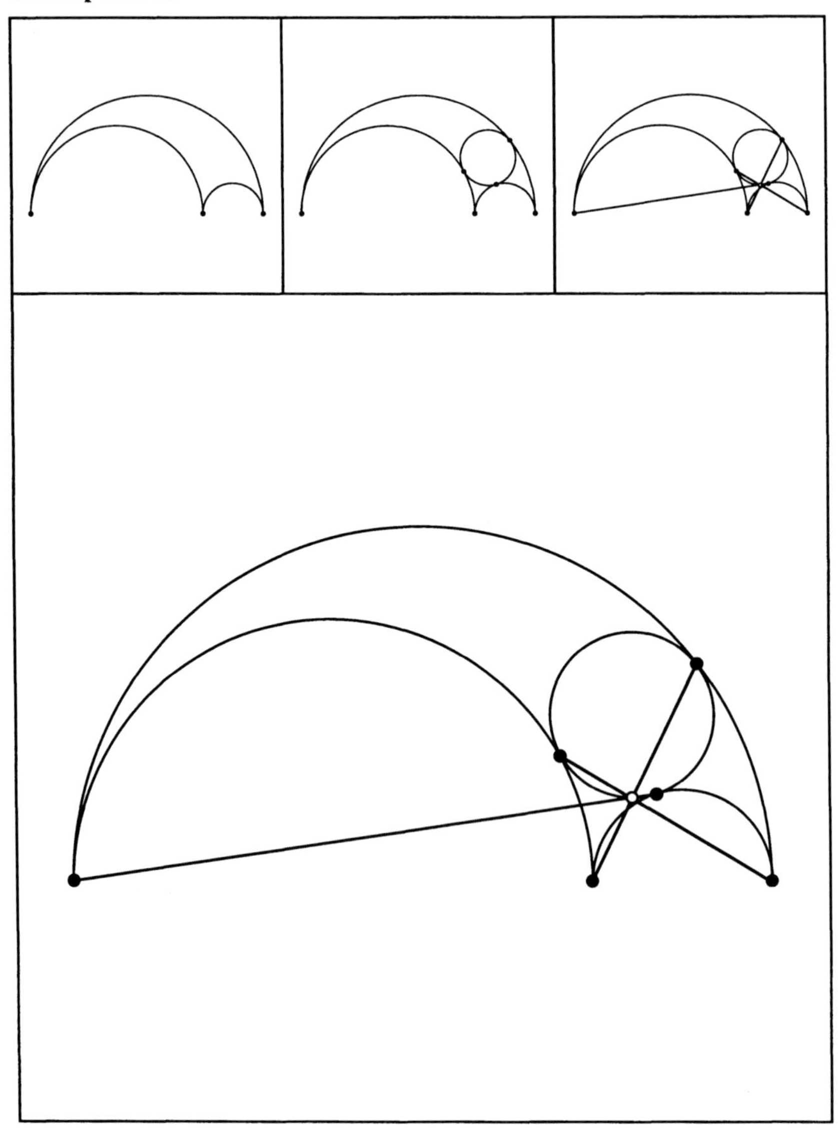

Arbelos

Schnittpunkt 34

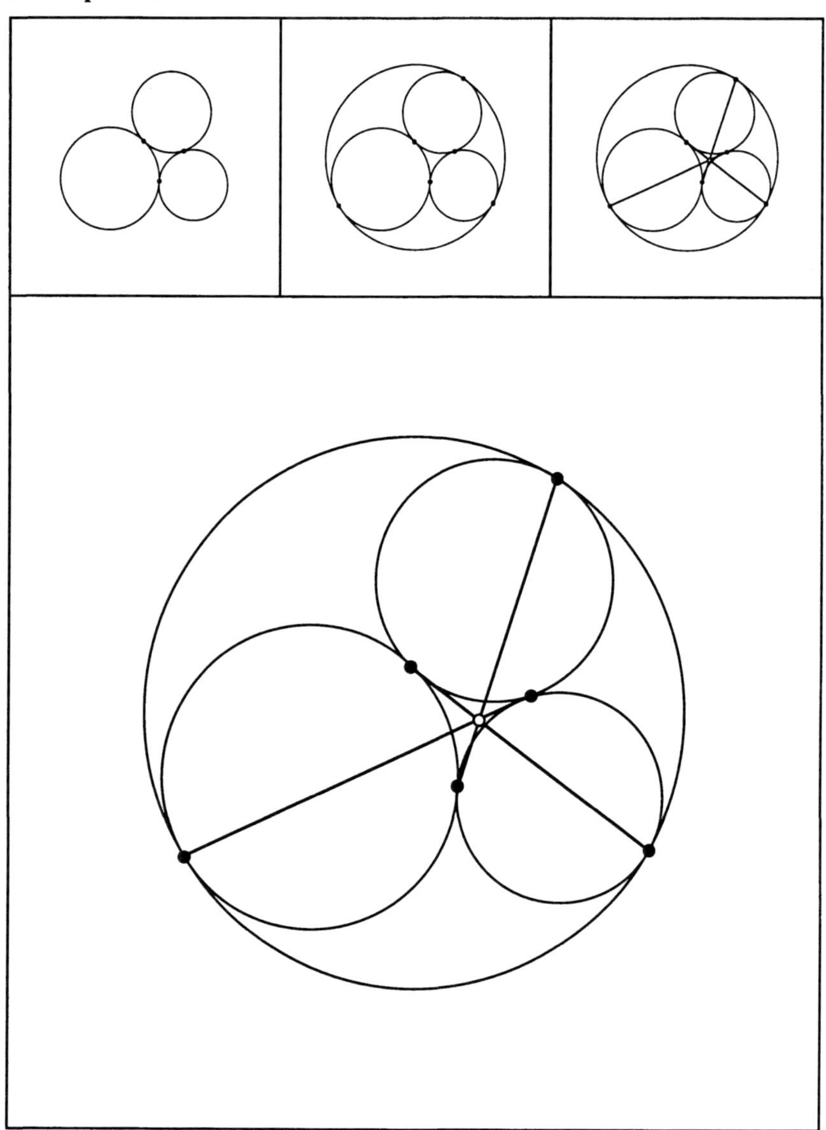

Kleeblatt

Schnittpunkt 35

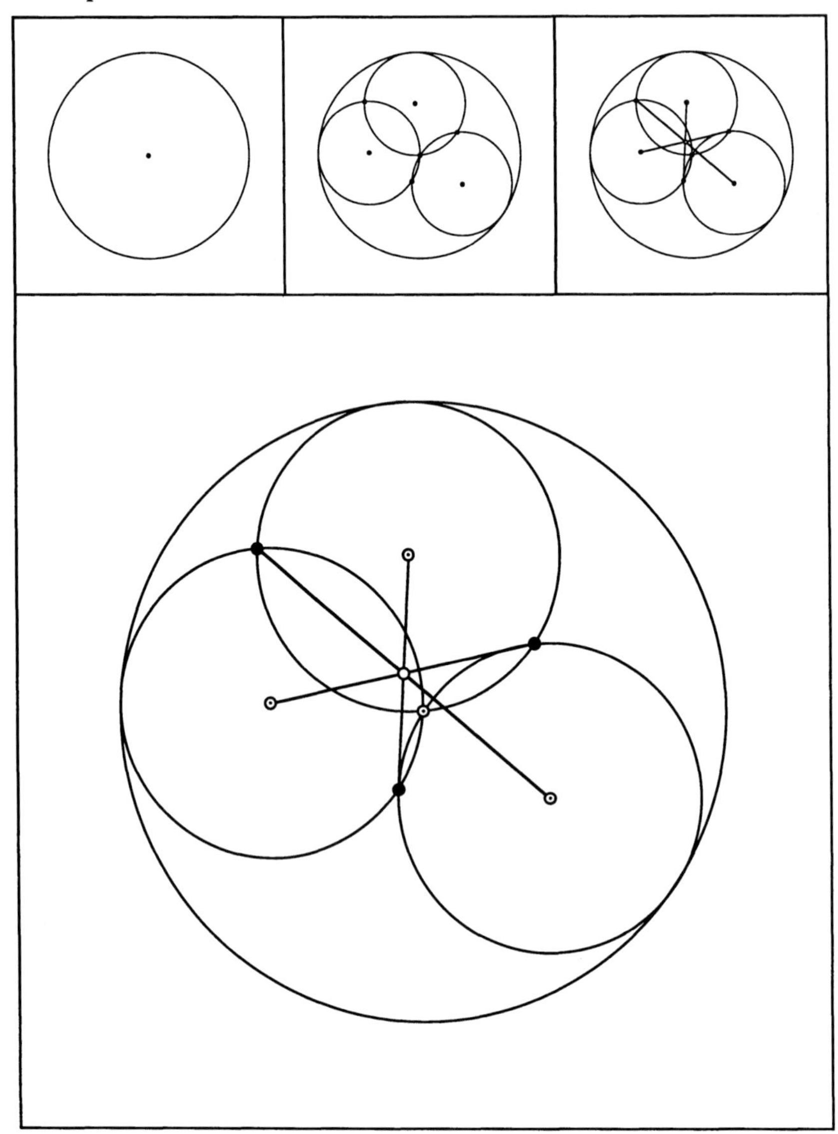

Drei gleich große Kreise im Kreis

Schnittpunkt 36

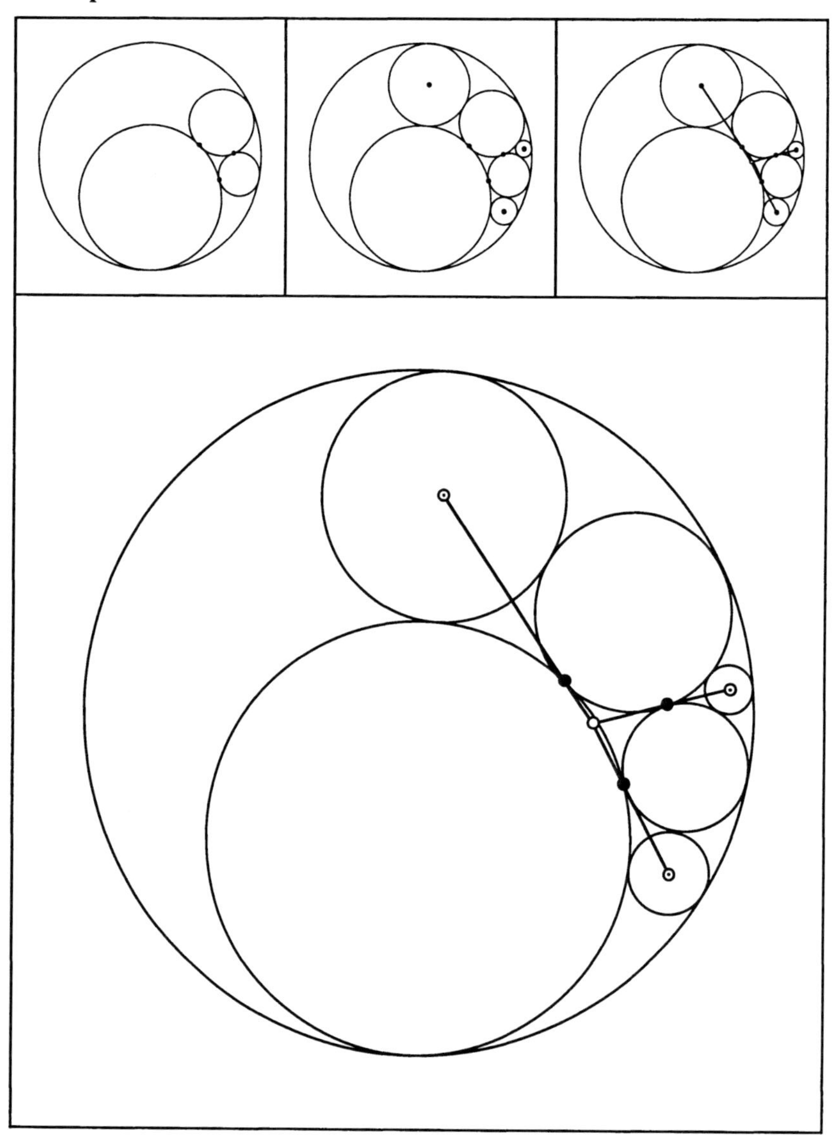

Vgl. Abschnitt 3.7.2

Schnittpunkt 37

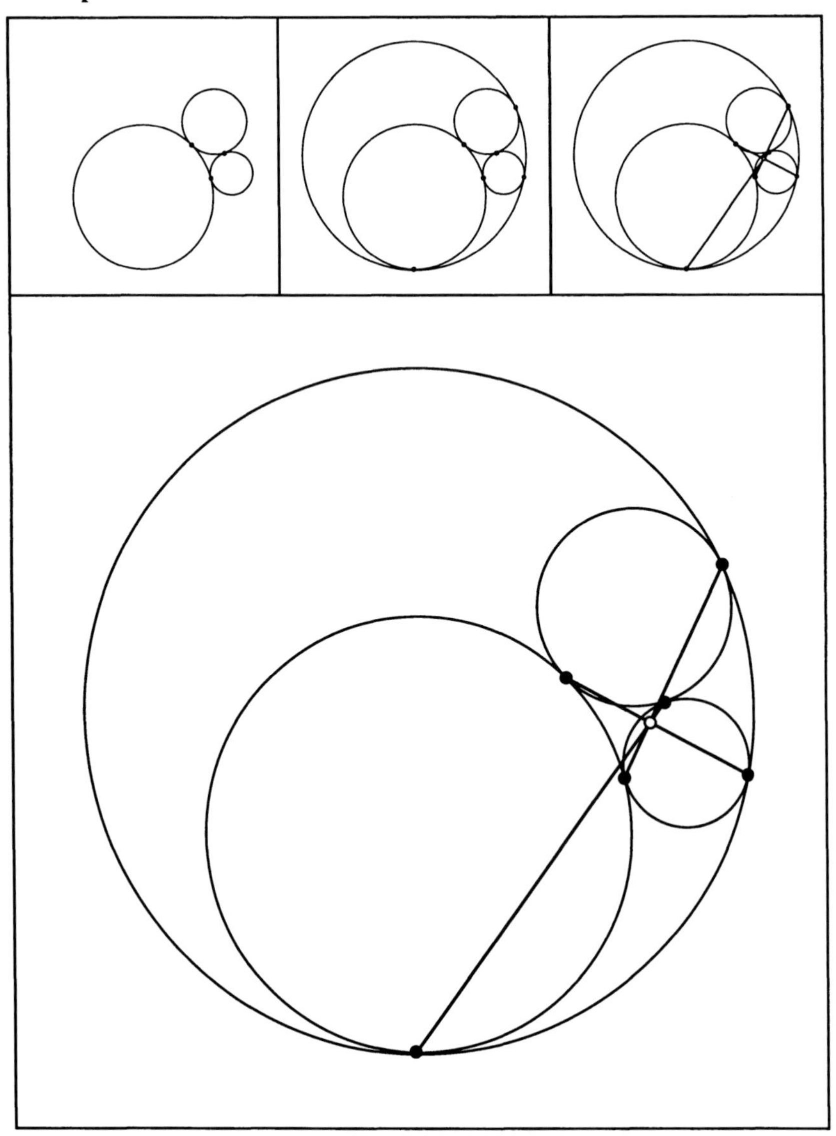

Vgl. Abschnitt 3.7.2

Schnittpunkt 38

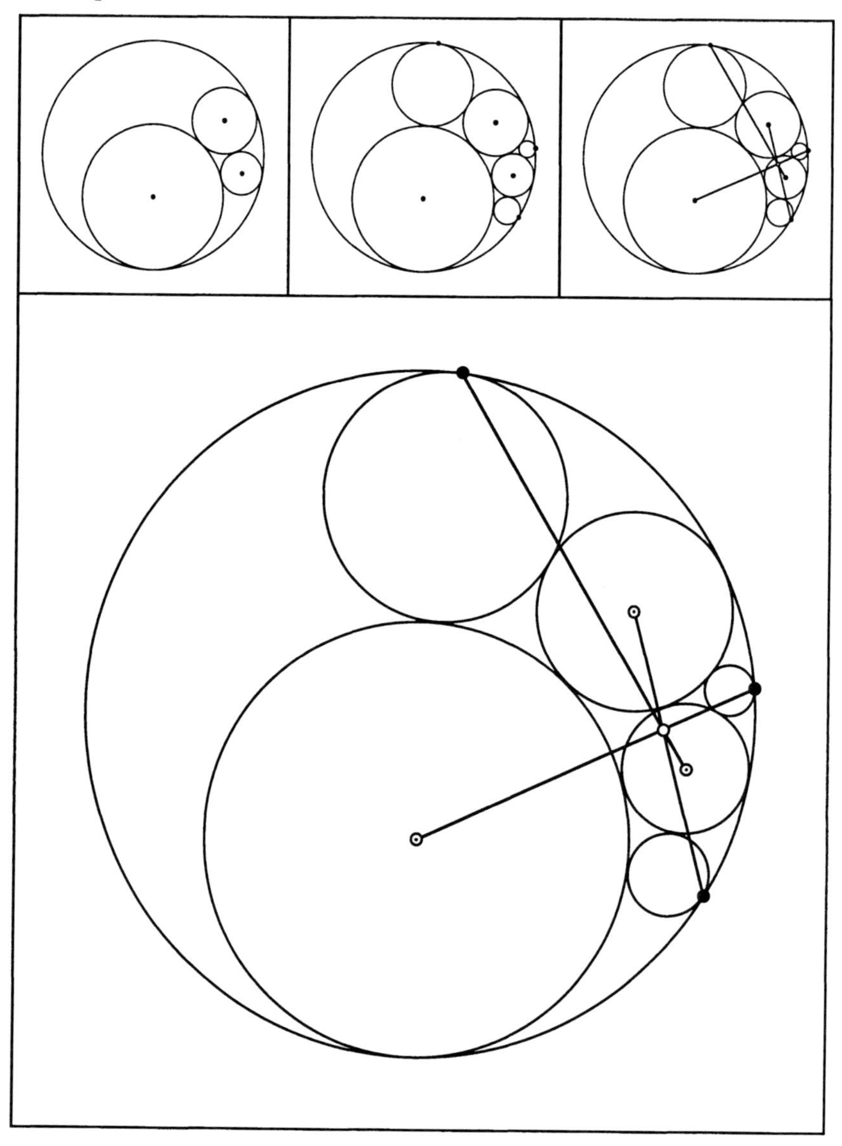

Vgl. Abschnitt 3.7.2

Schnittpunkt 39

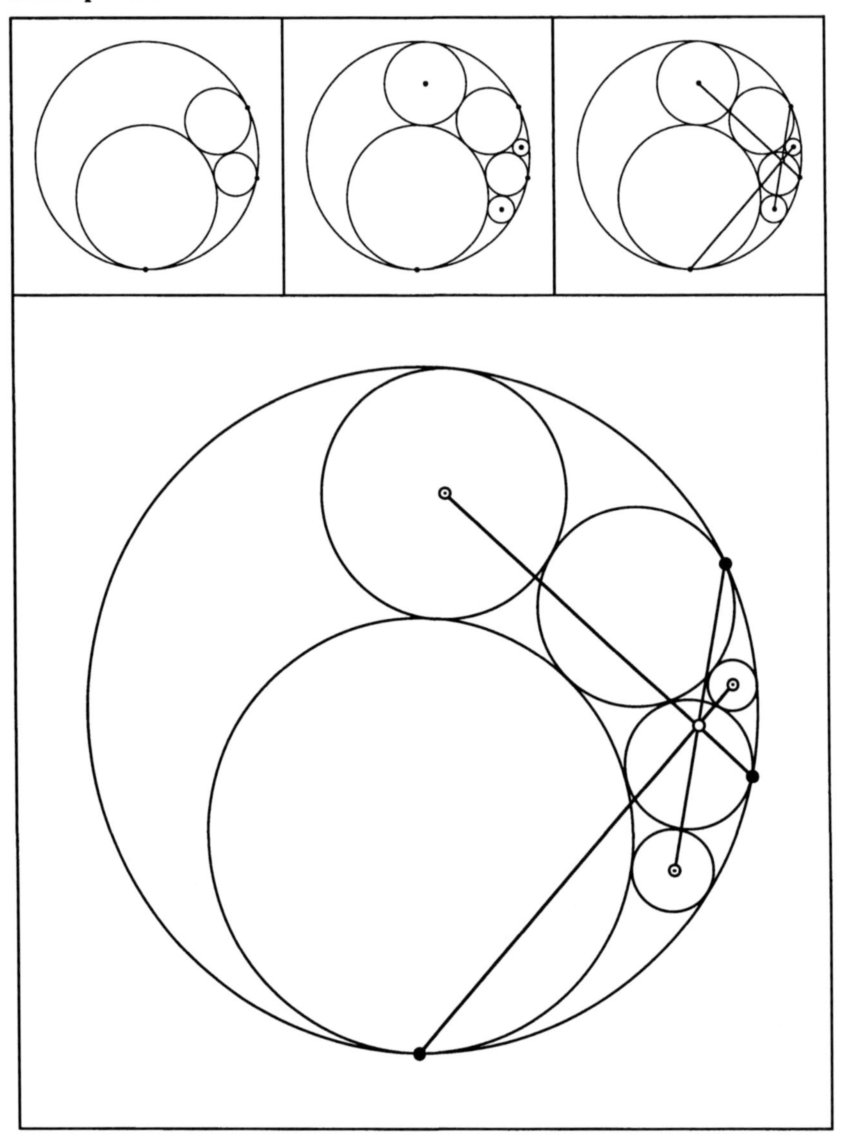

Vgl. Abschnitt 3.7.2

Schnittpunkt 40

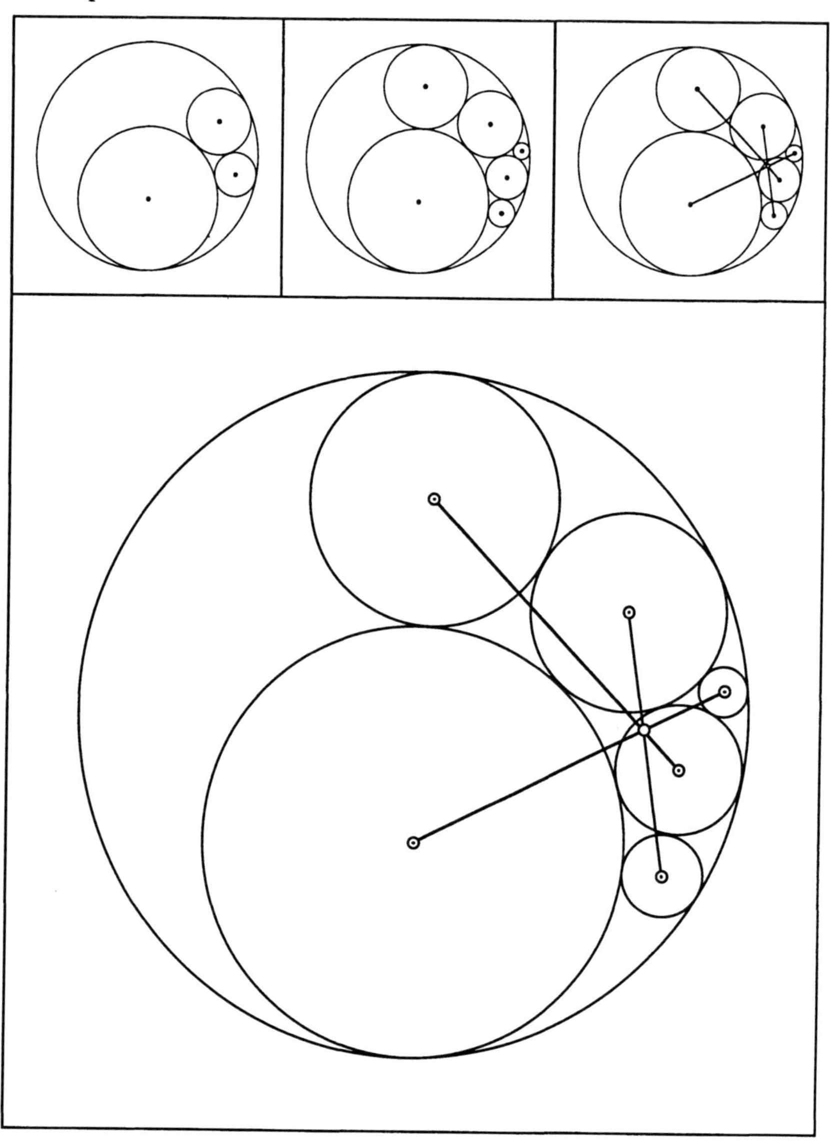

Vgl. Abschnitt 3.7.2

Schnittpunkt 41

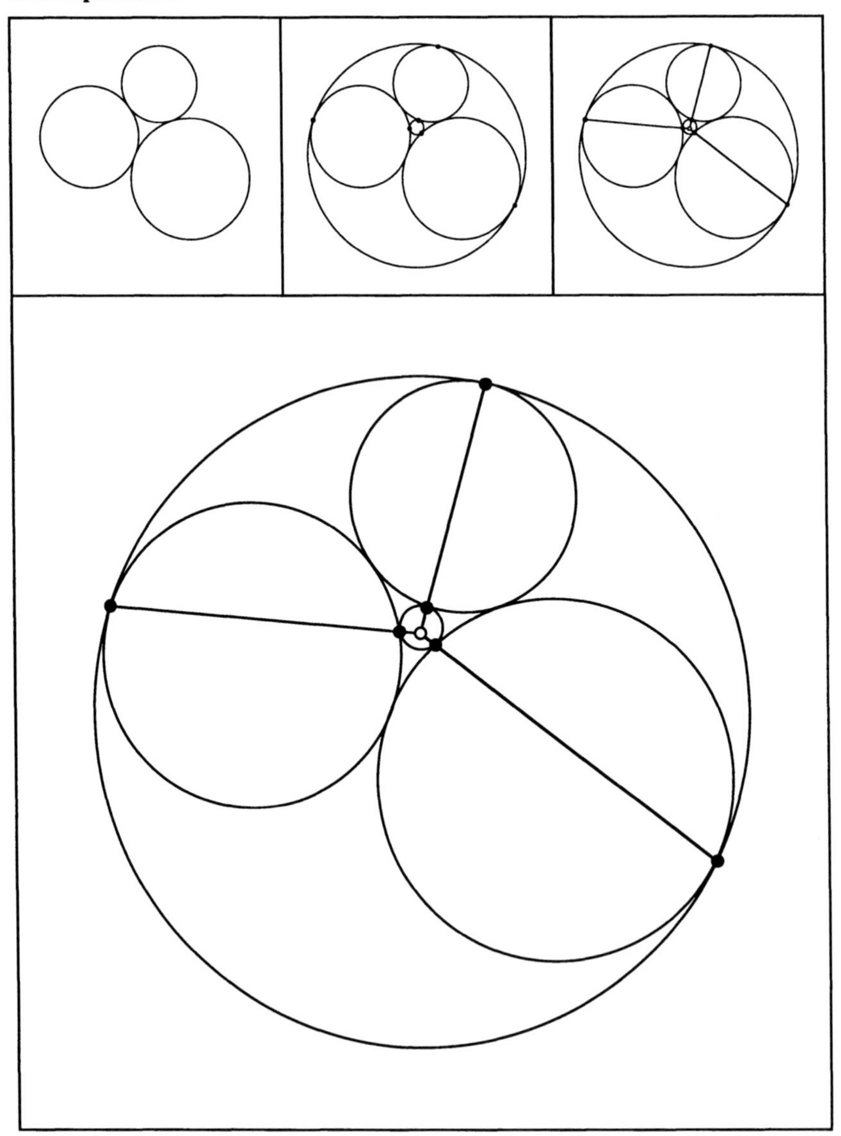

Vgl. [Berger 1987], S. 317

Schnittpunkt 42

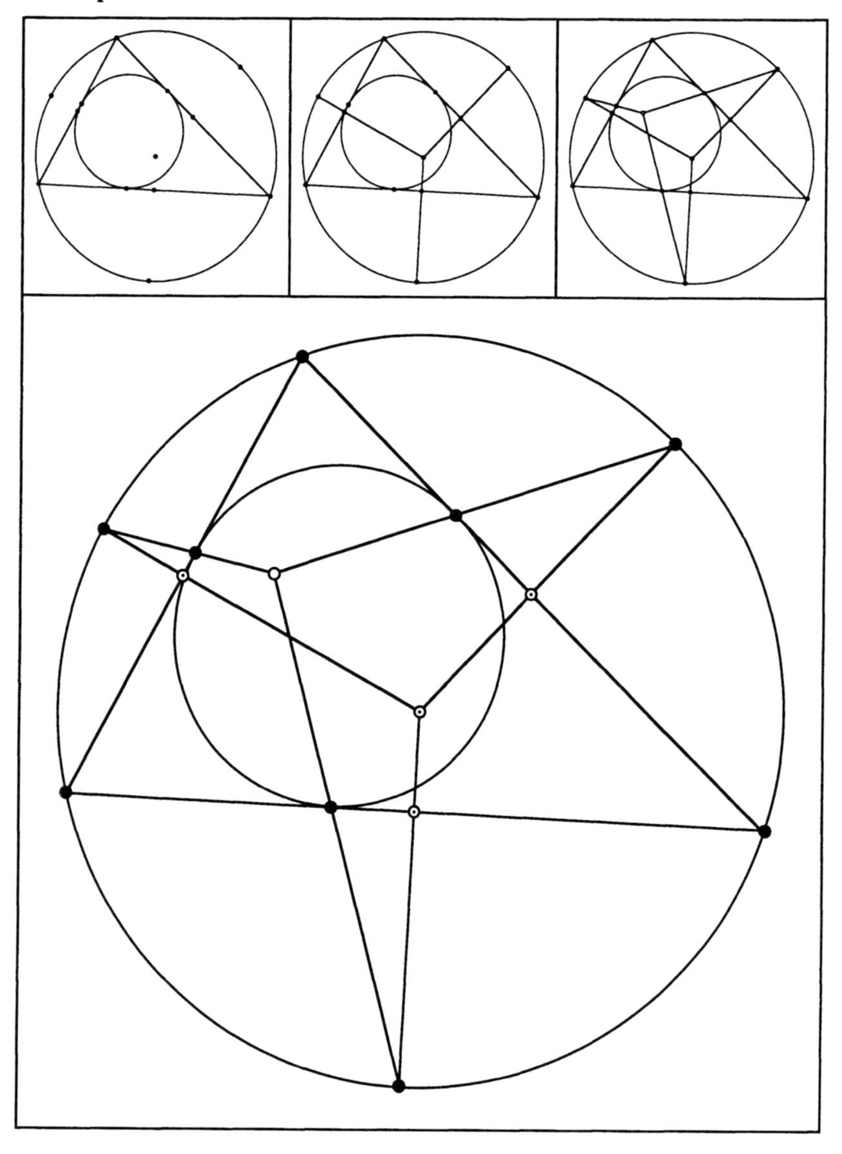

Schnittpunkt 43

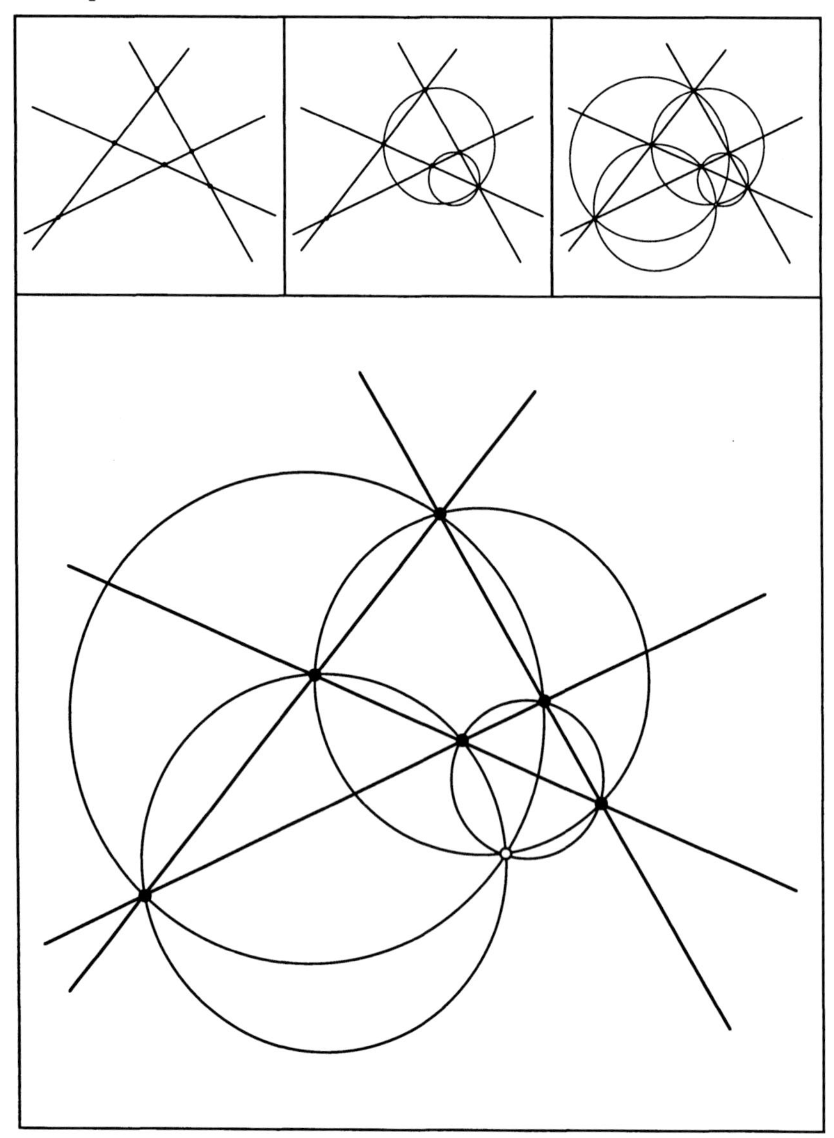

Schnittpunkt 44

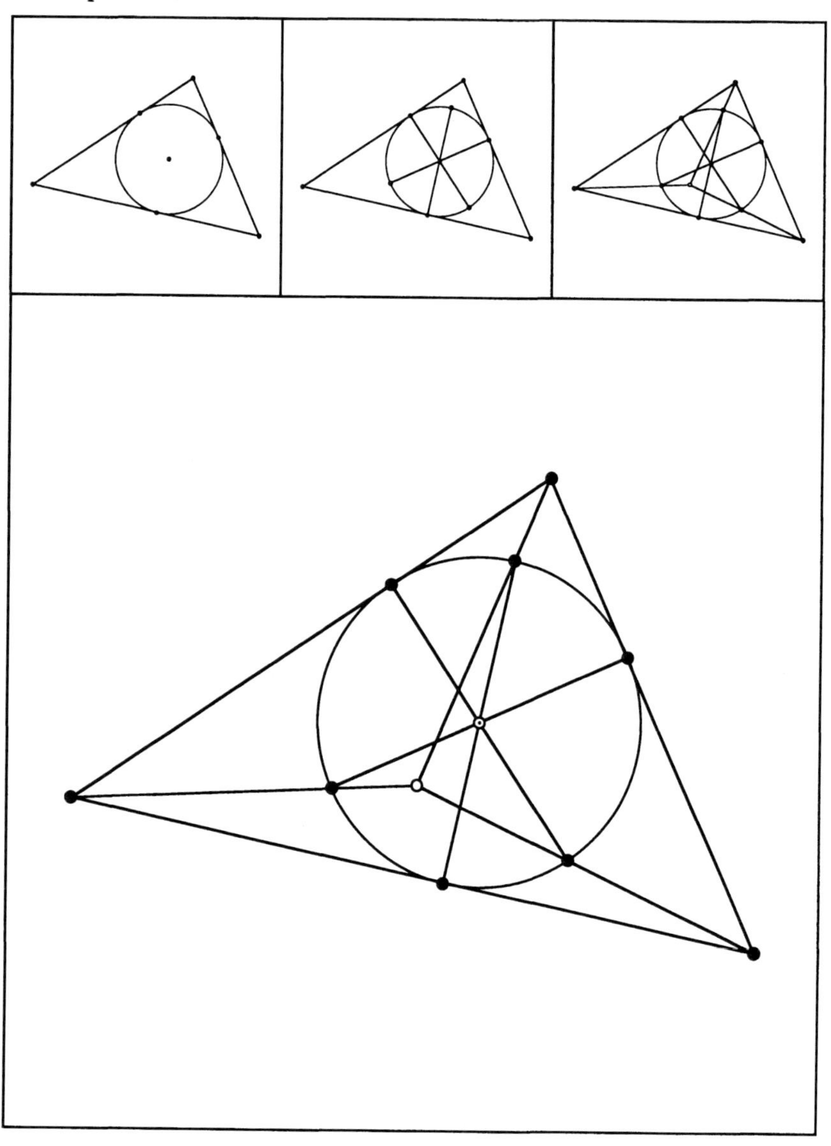

Schnittpunkt 45

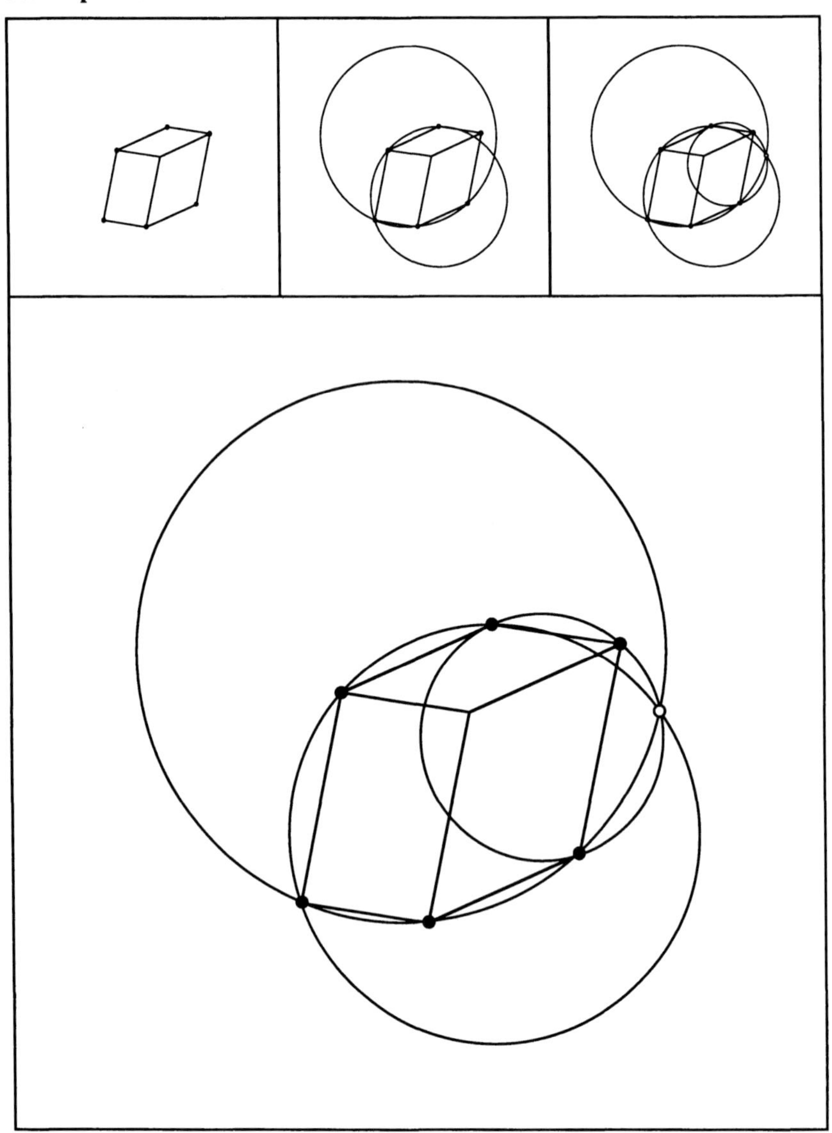

„Spat“ und Kreise

Schnittpunkt 46

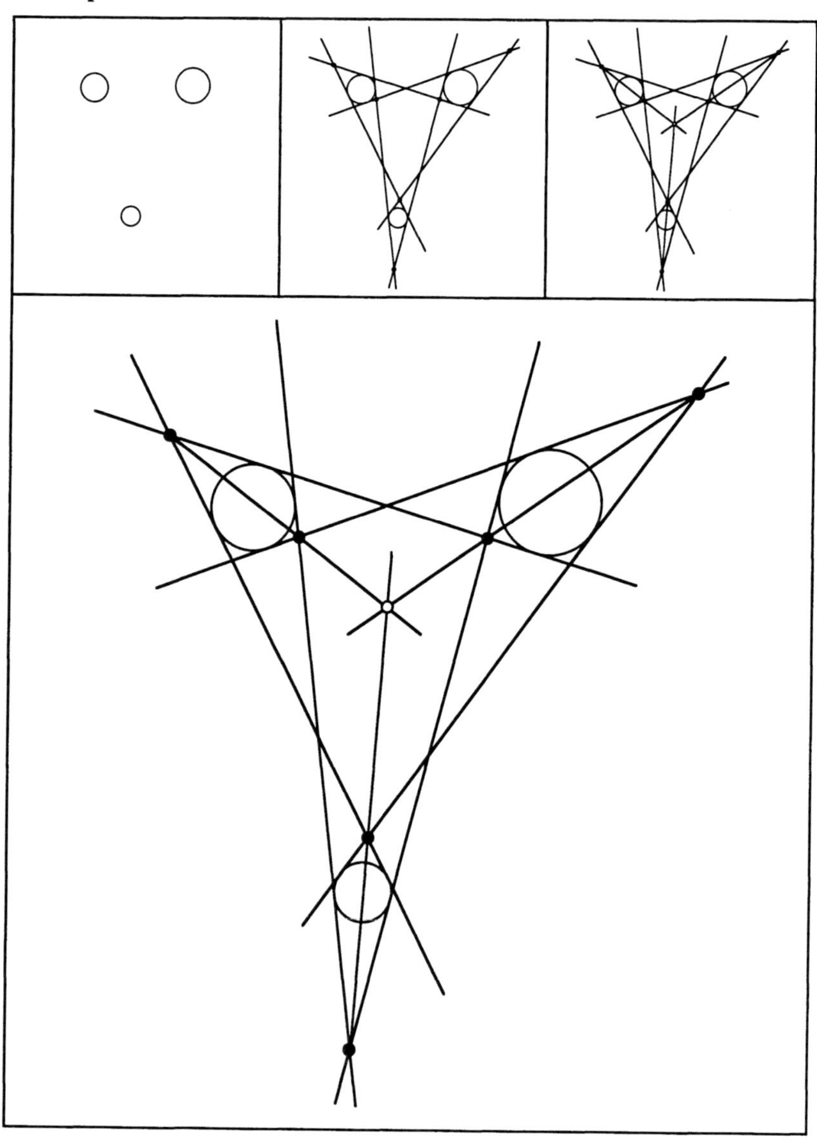

Gemeinsame Tangenten, vgl. [Walser 1994]

Schnittpunkt 47

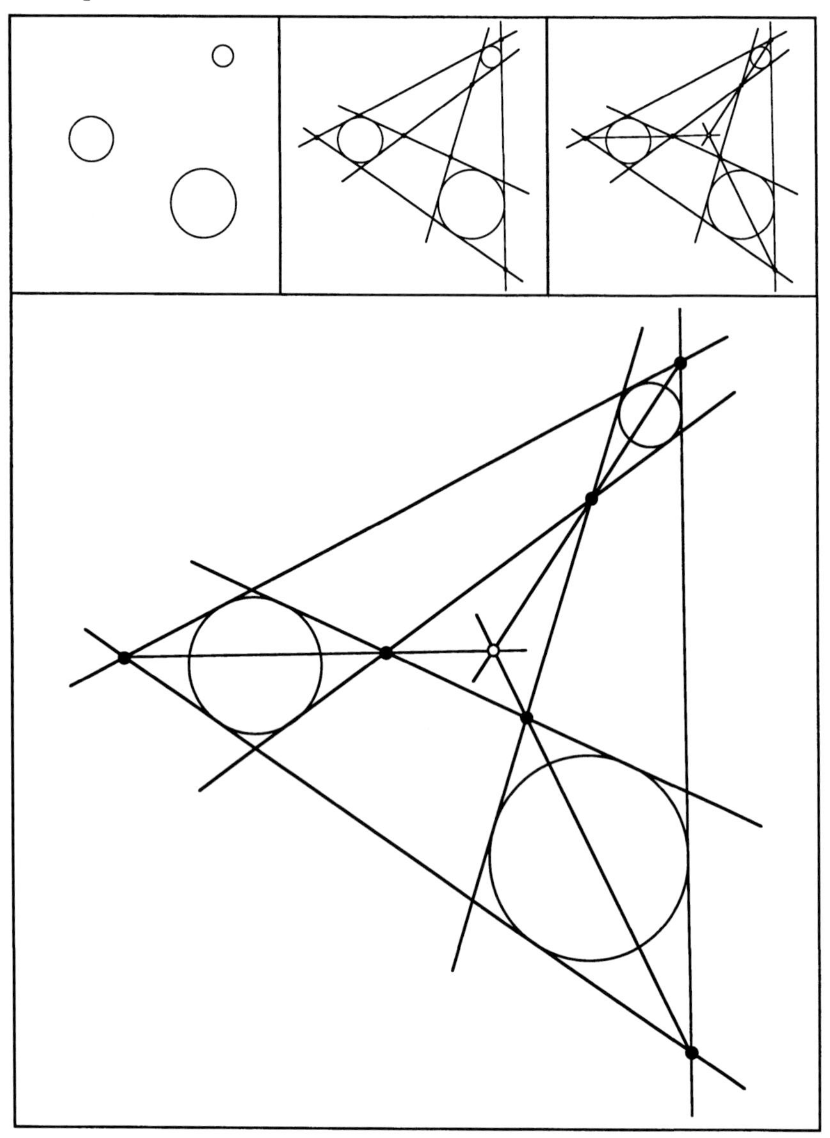

Schnittpunkt 48

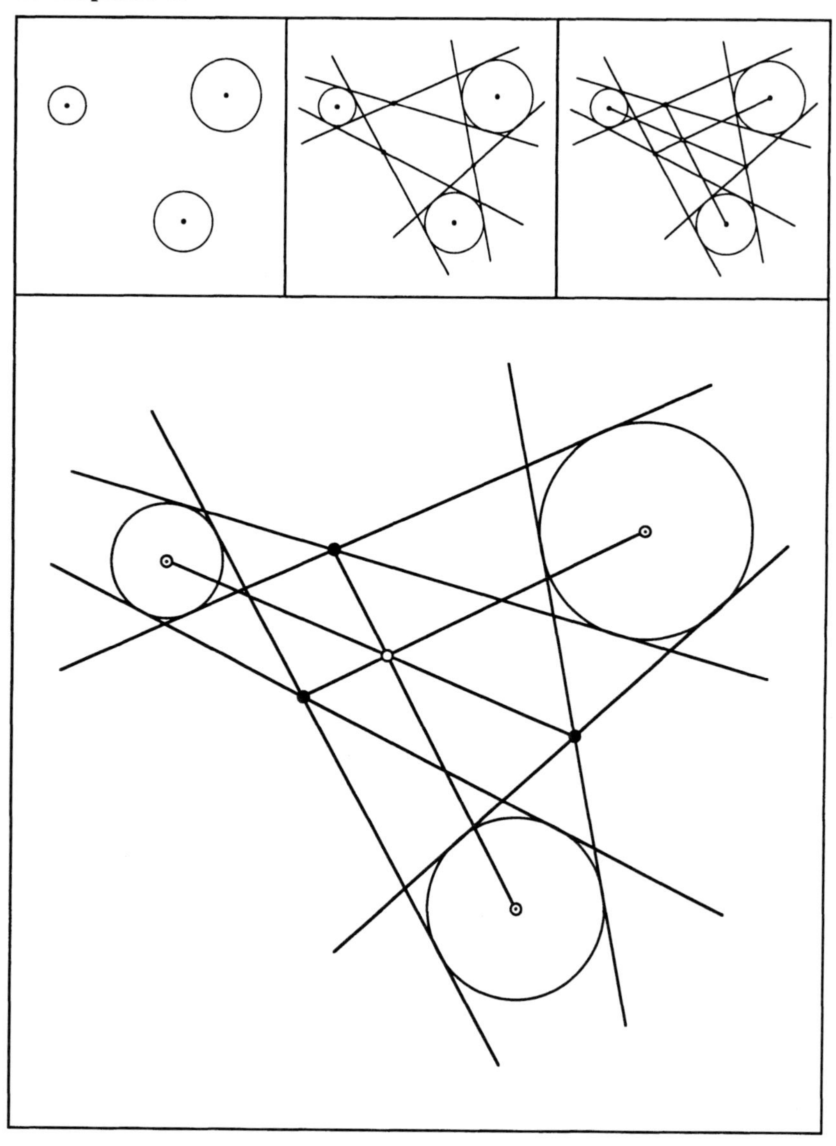

Schnittpunkt 49

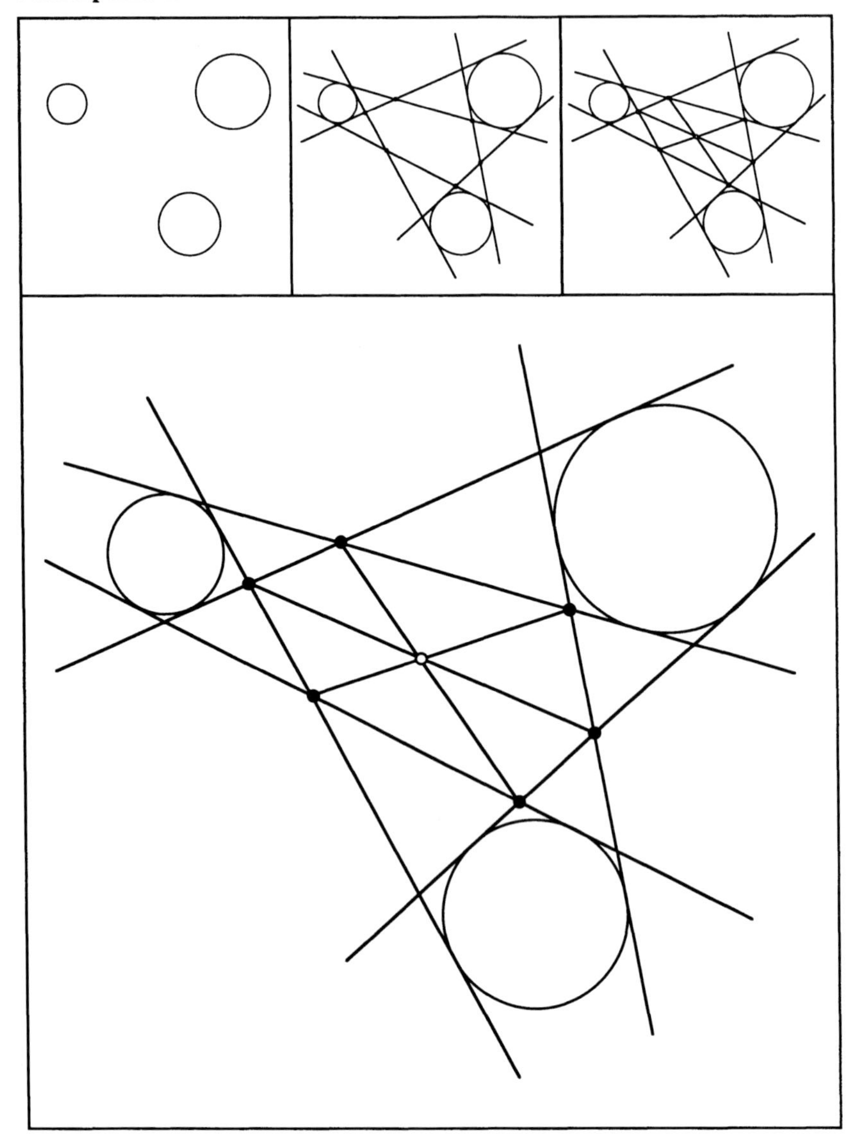

Schnittpunkt 50

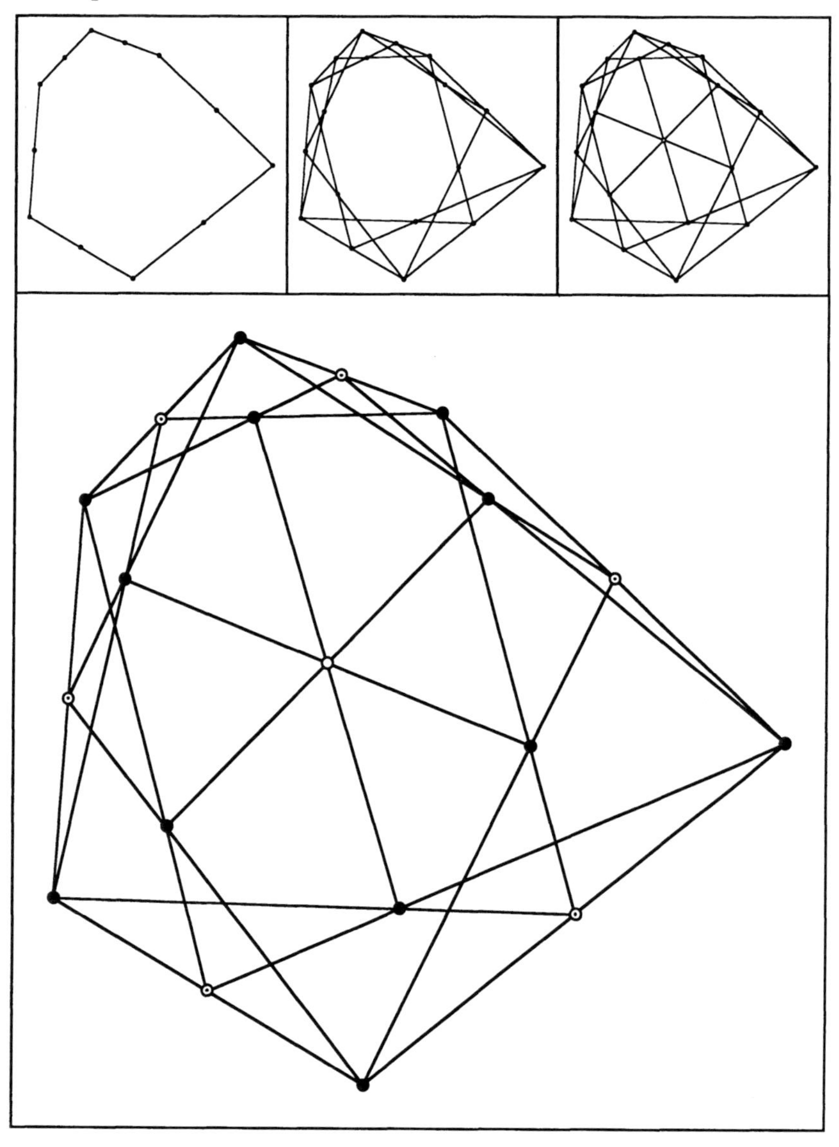

Schnittpunkt 51

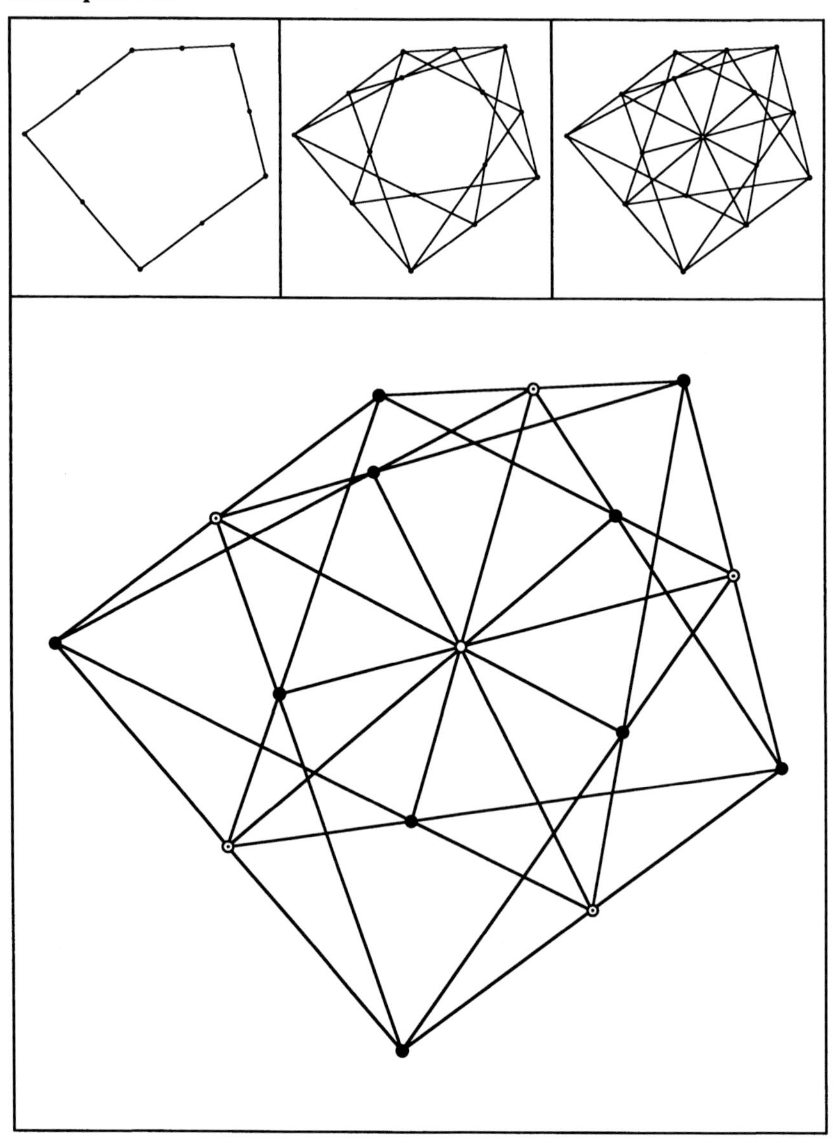

Schnittpunkt 52

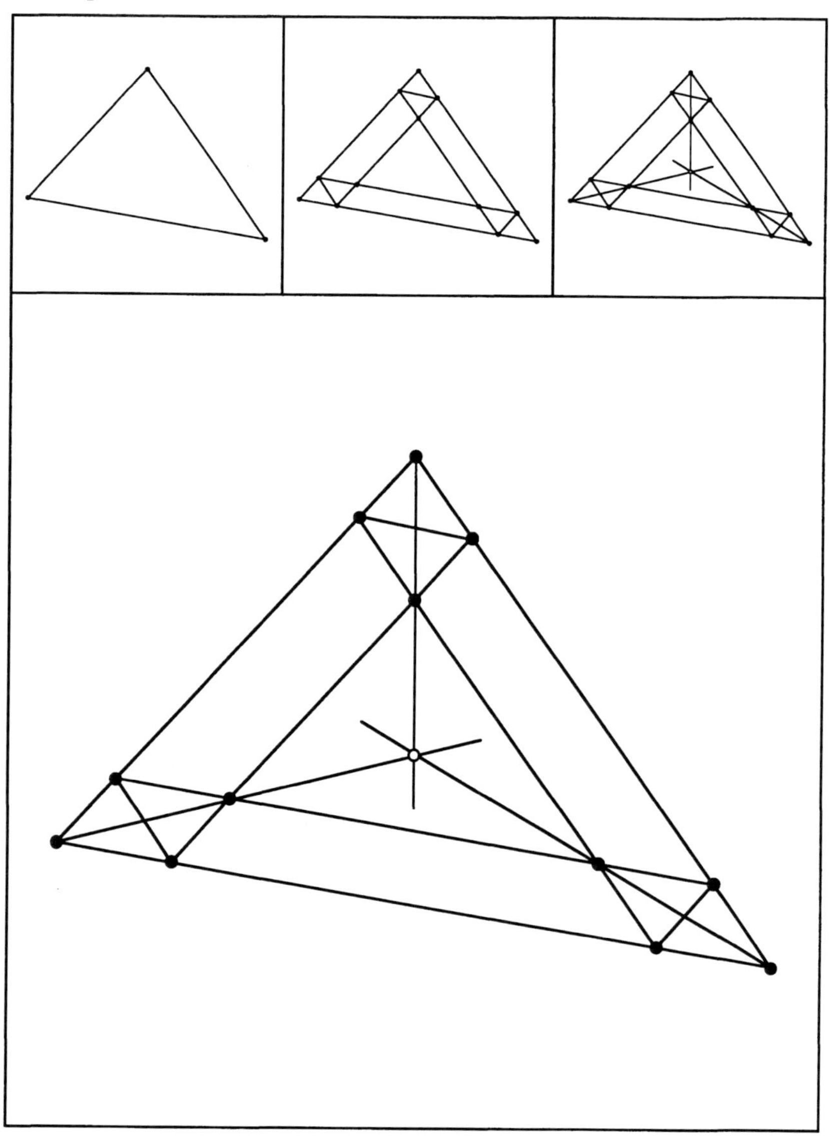

Rundweg, vgl. [Kroll 1990]

Schnittpunkt 53

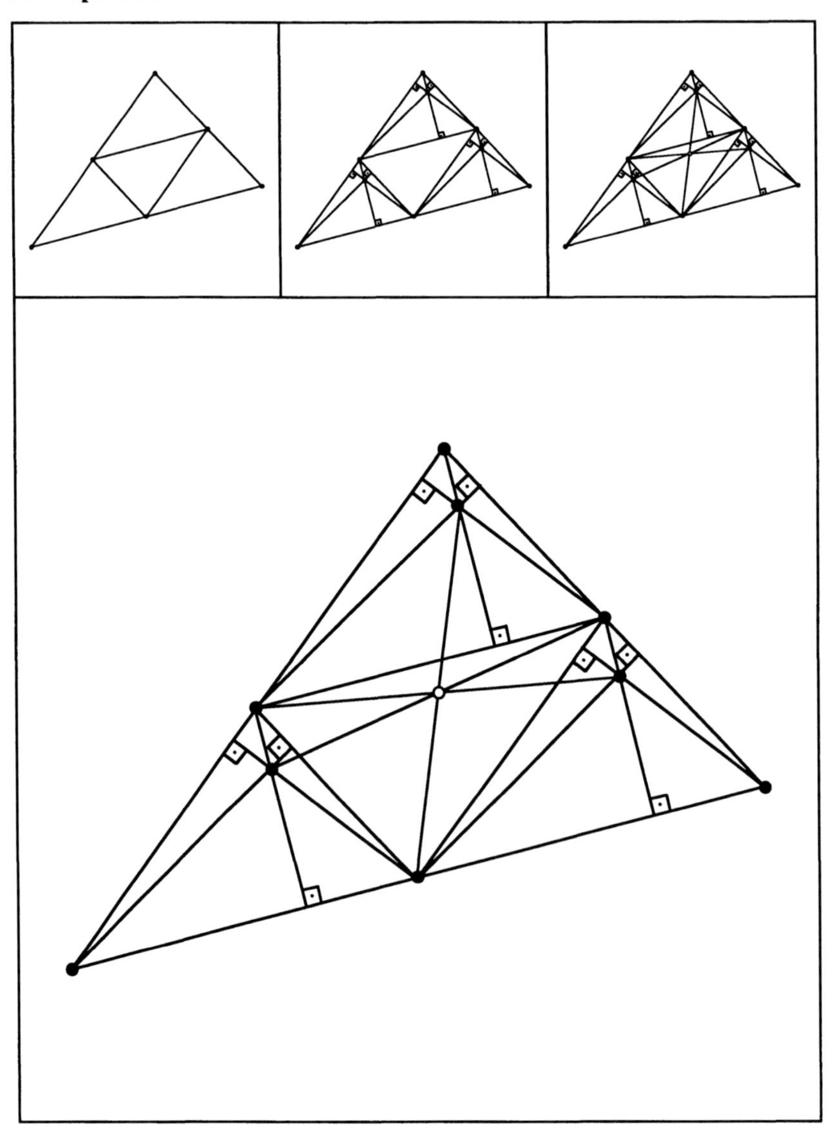

Schnittpunkt 54

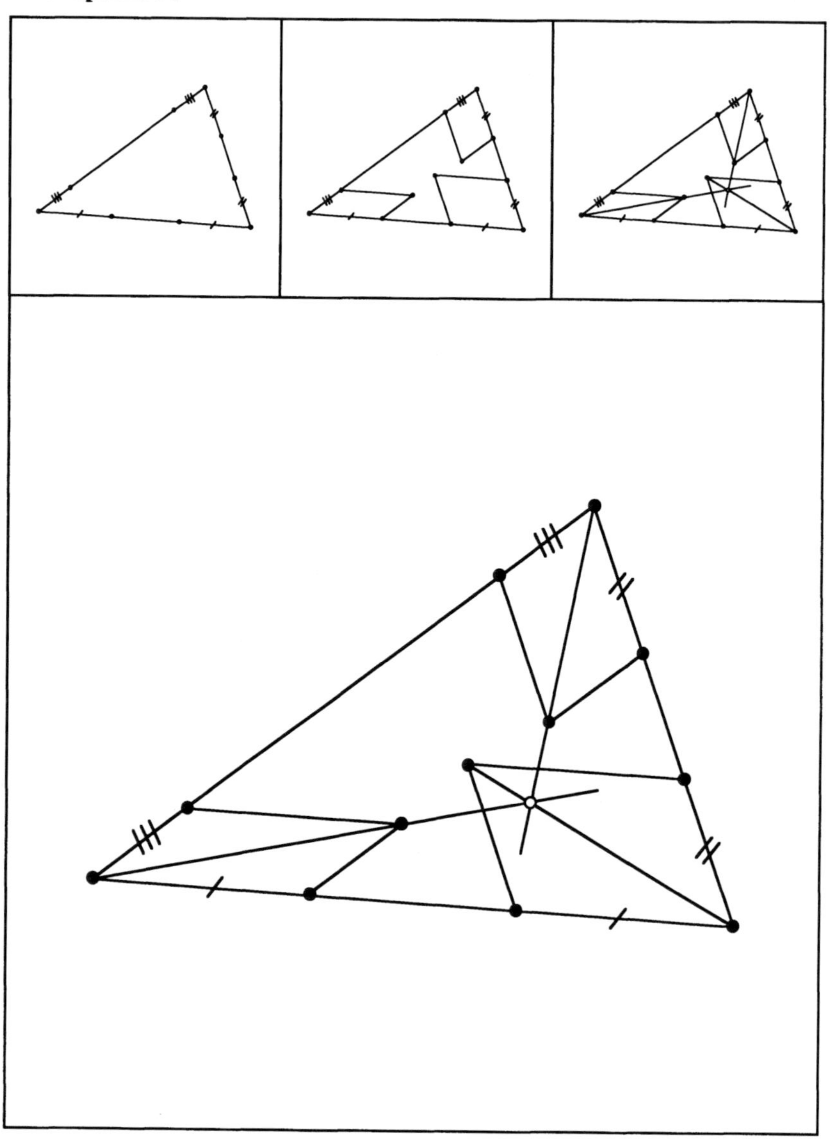

Schnittpunkt 55

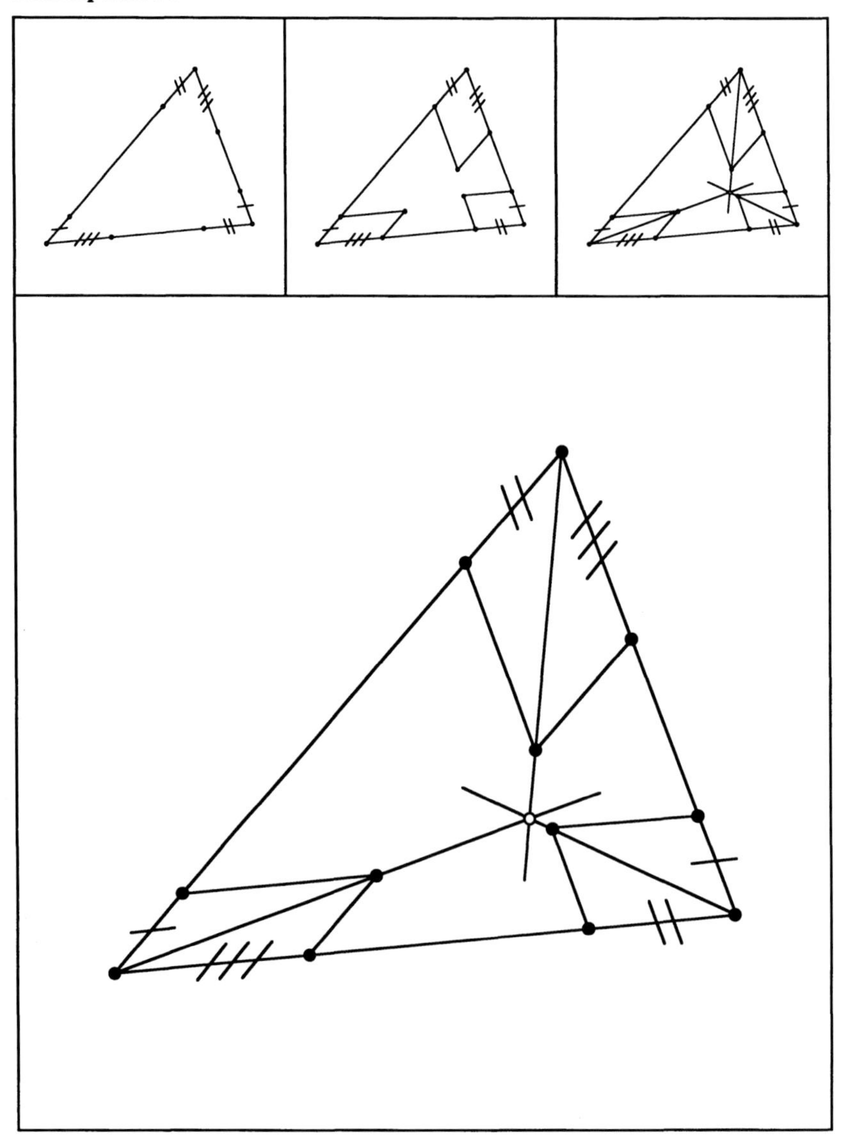

Schnittpunkt 56

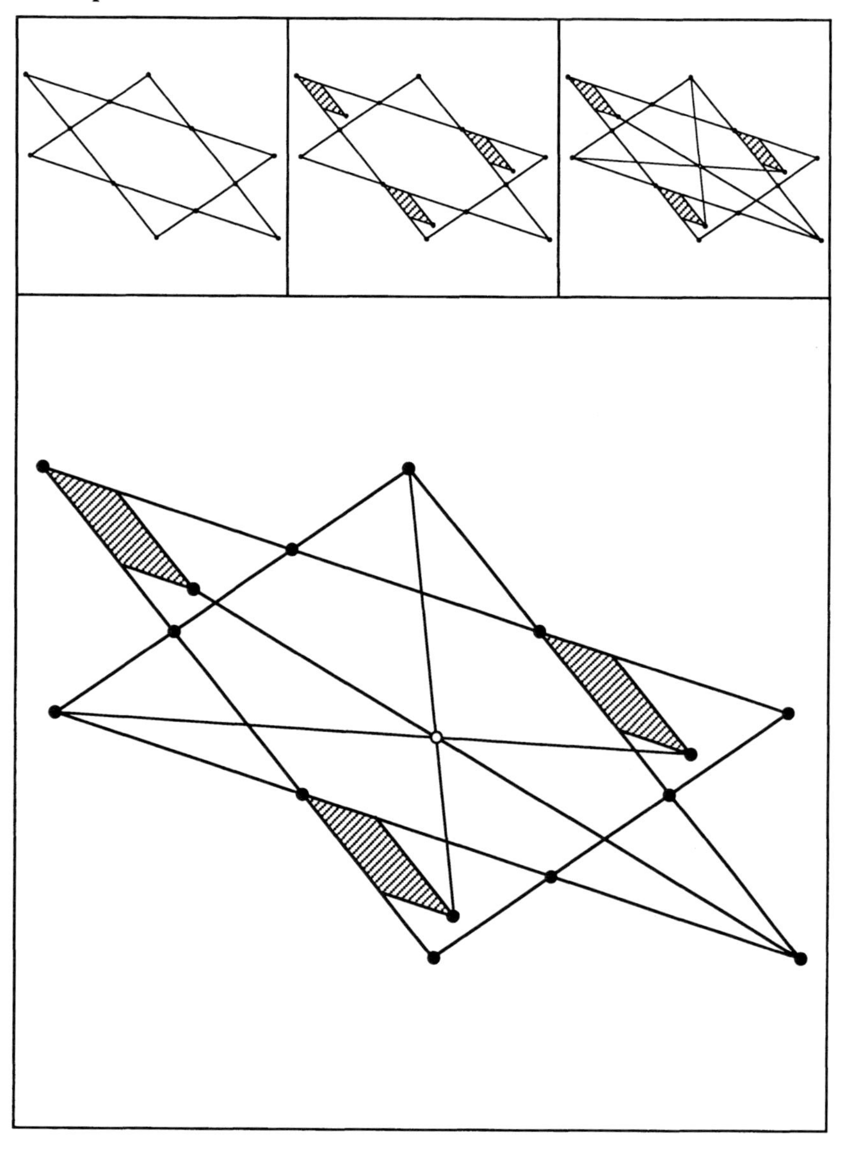

Schnittpunkt 57

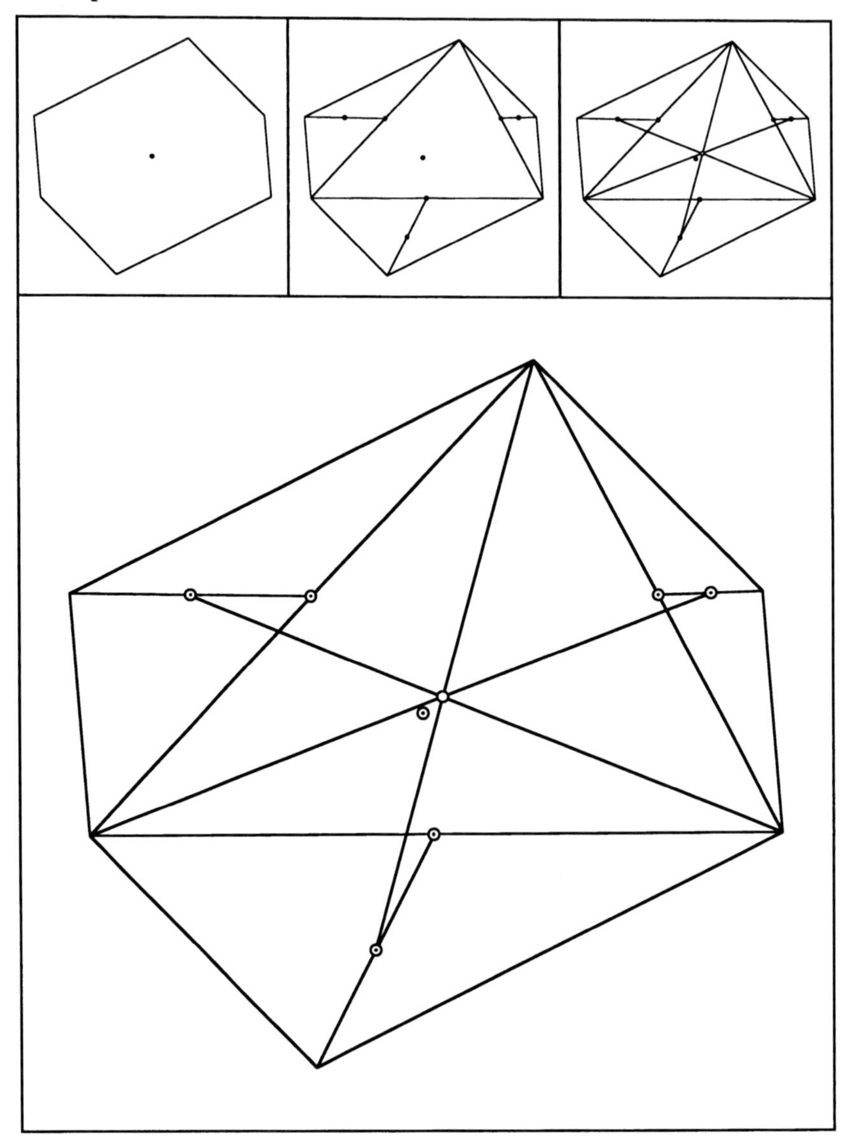

Schnittpunkt 58

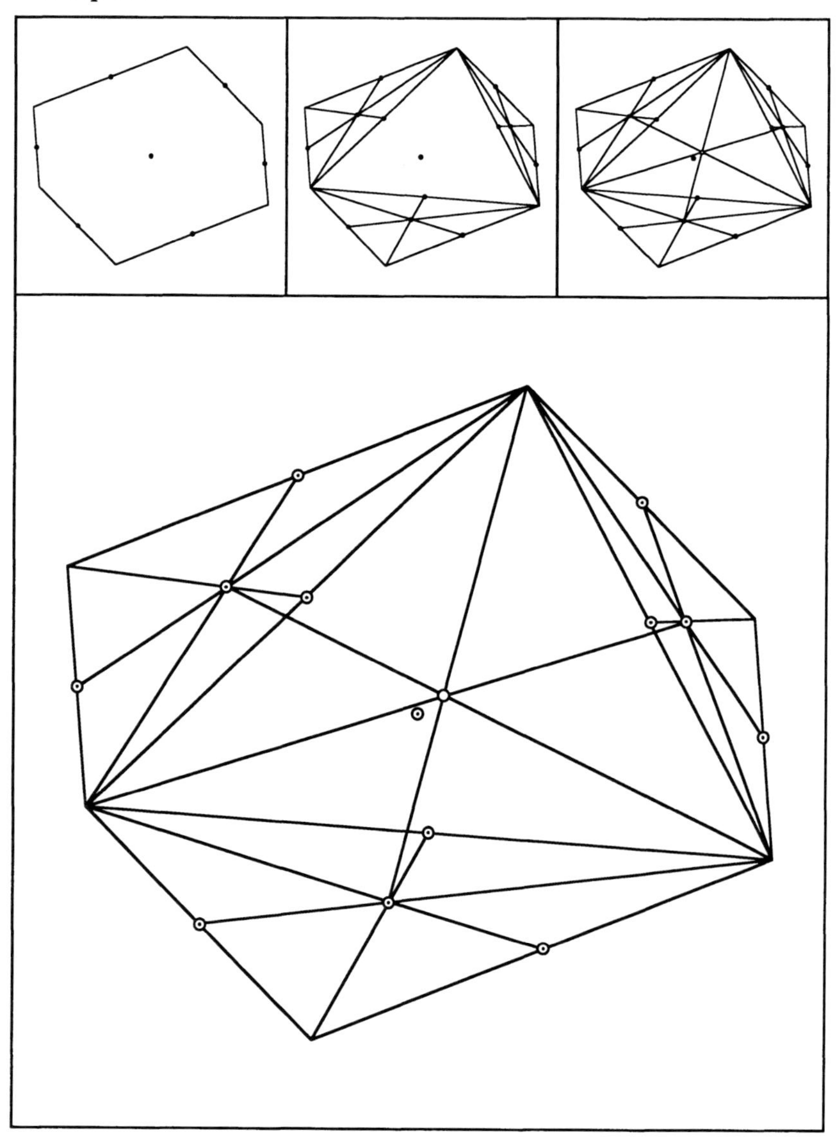

Schnittpunkt 59

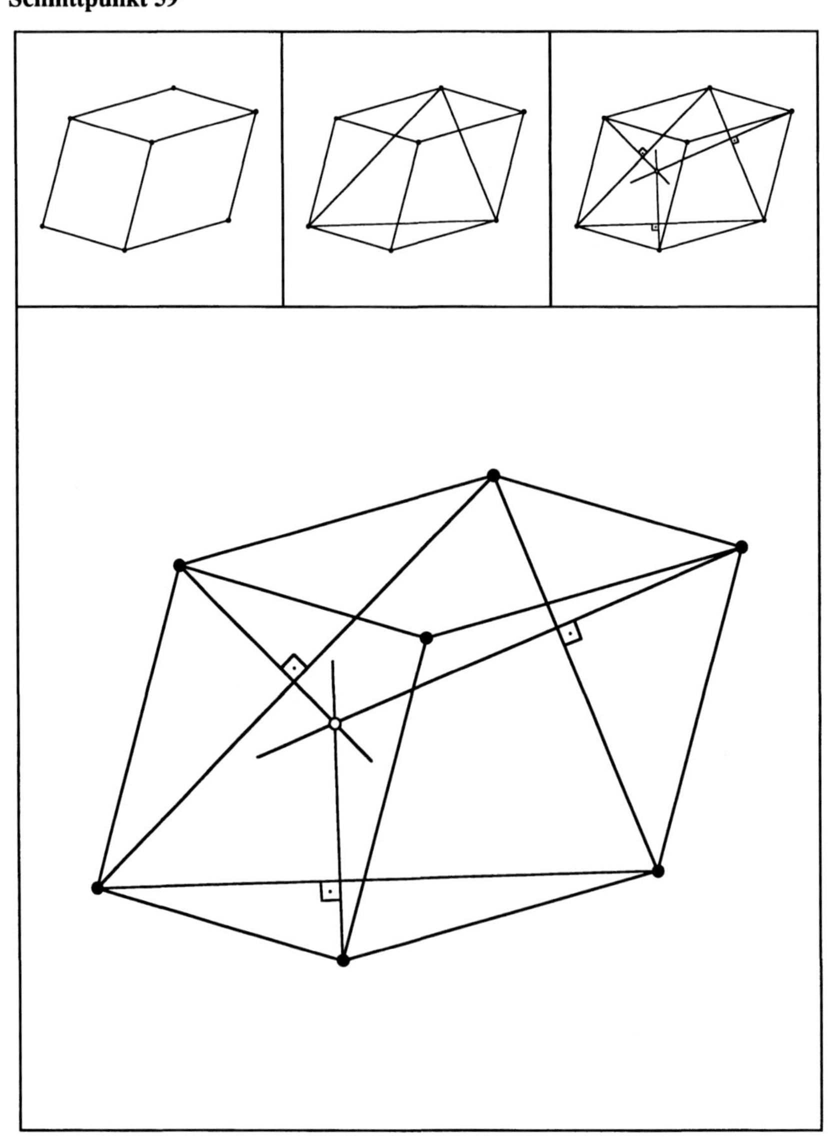

„Spat“

Schnittpunkt 60

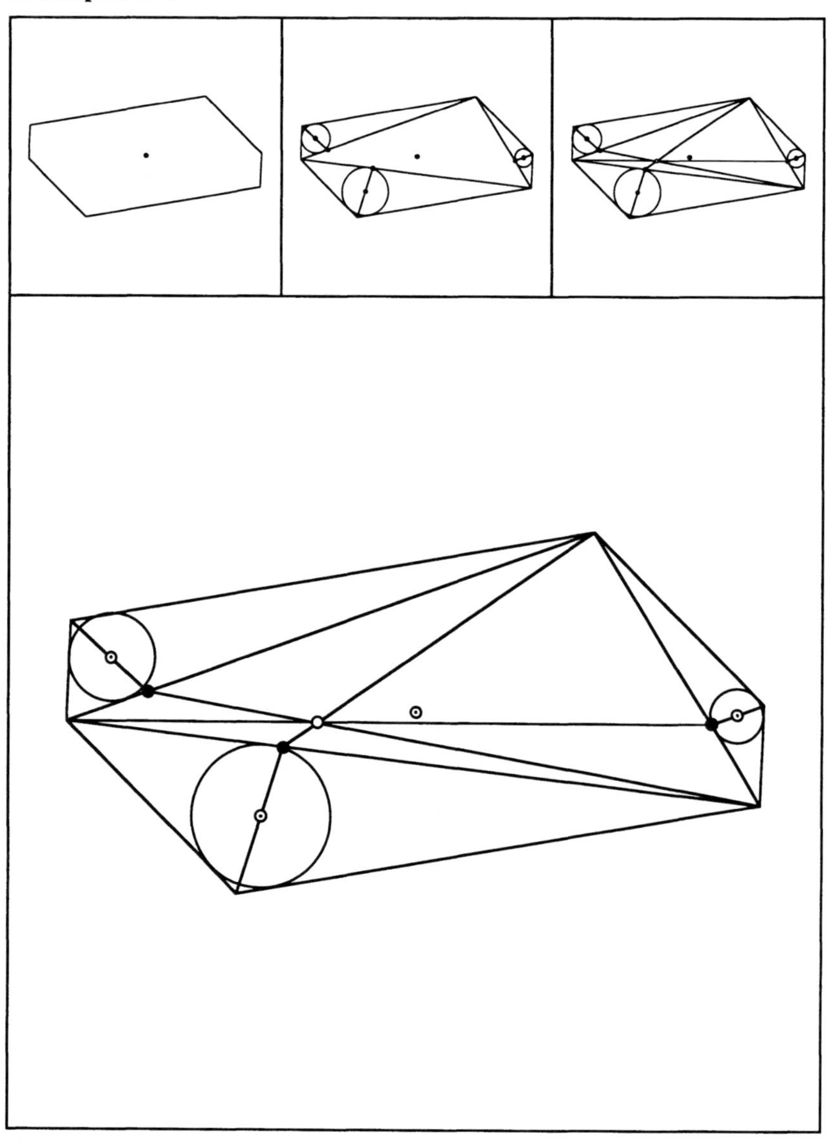

Schnittpunkt 61

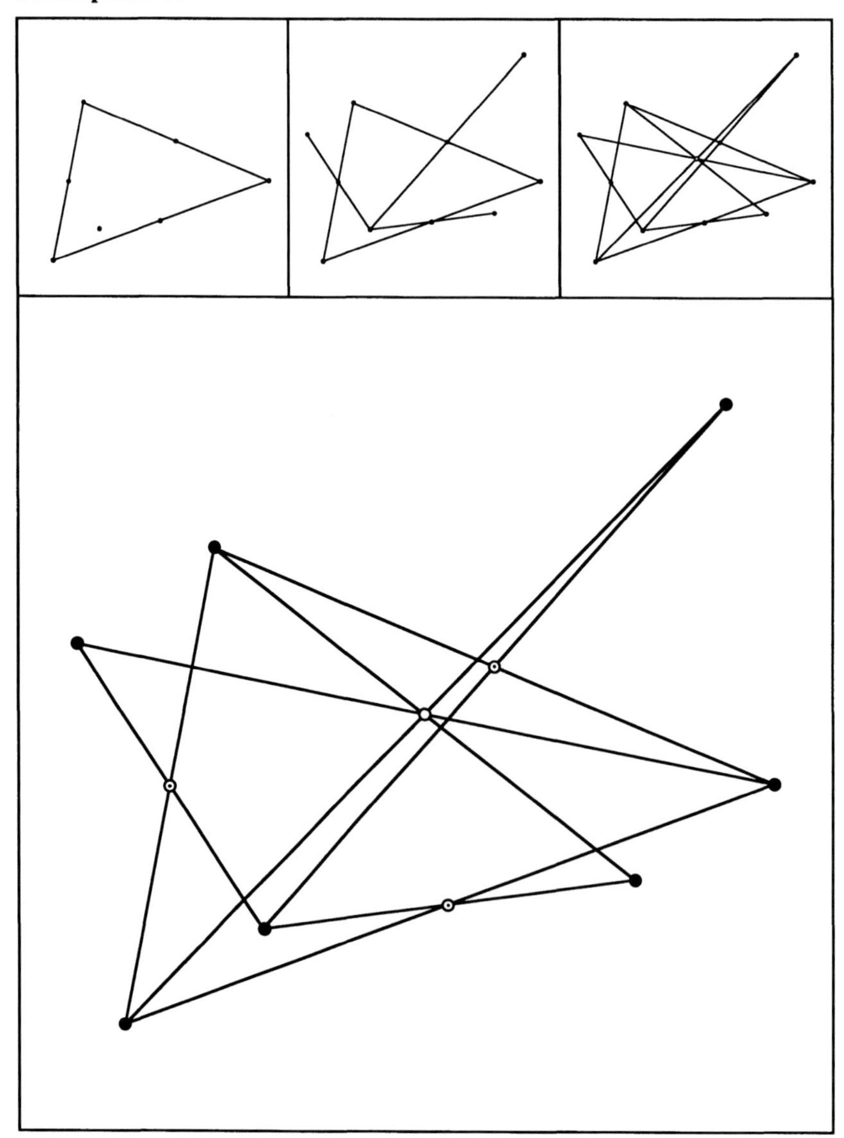

Schnittpunkt 62

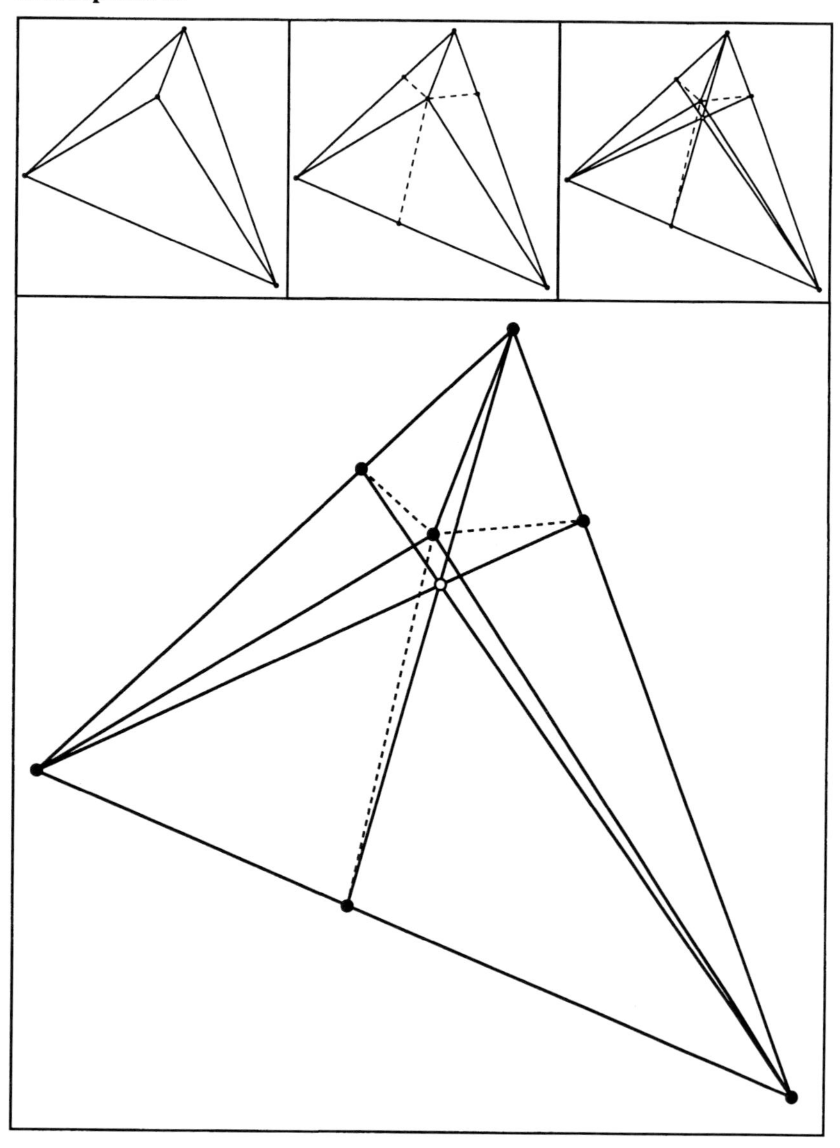

Schnittpunkt 63

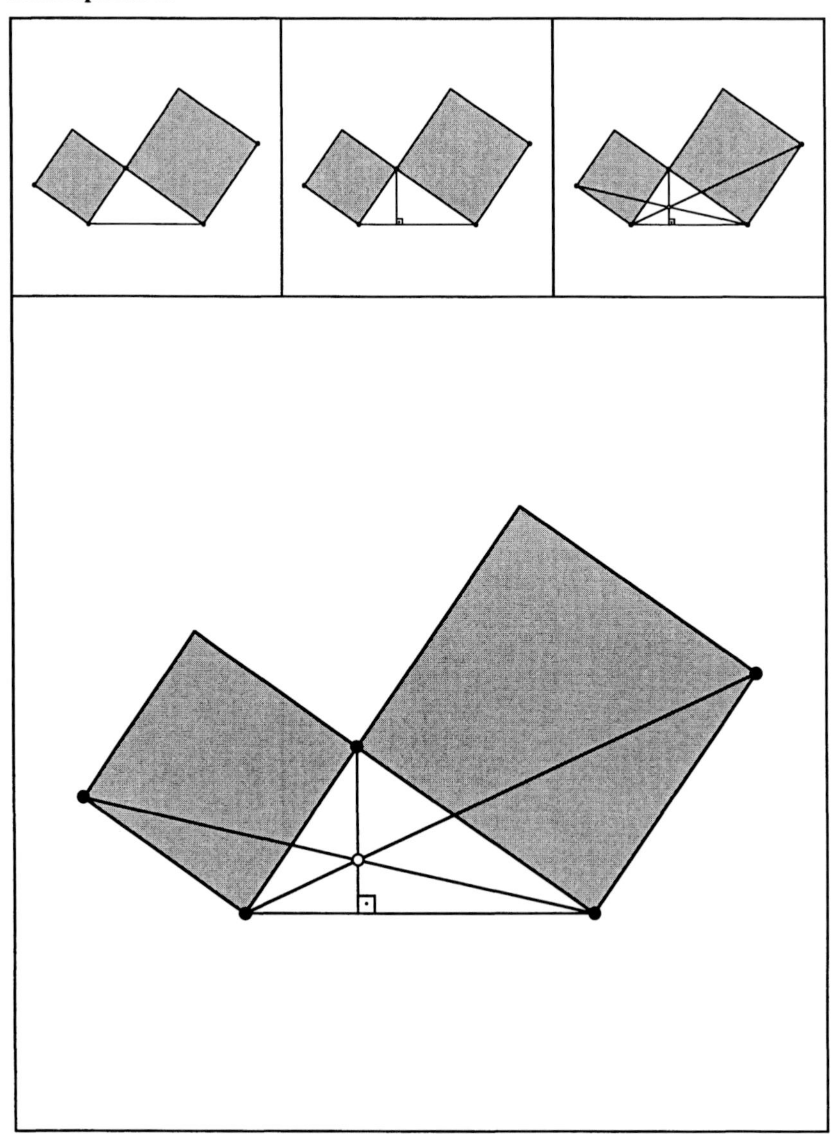

Hommage à Pythagoras

Schnittpunkt 64

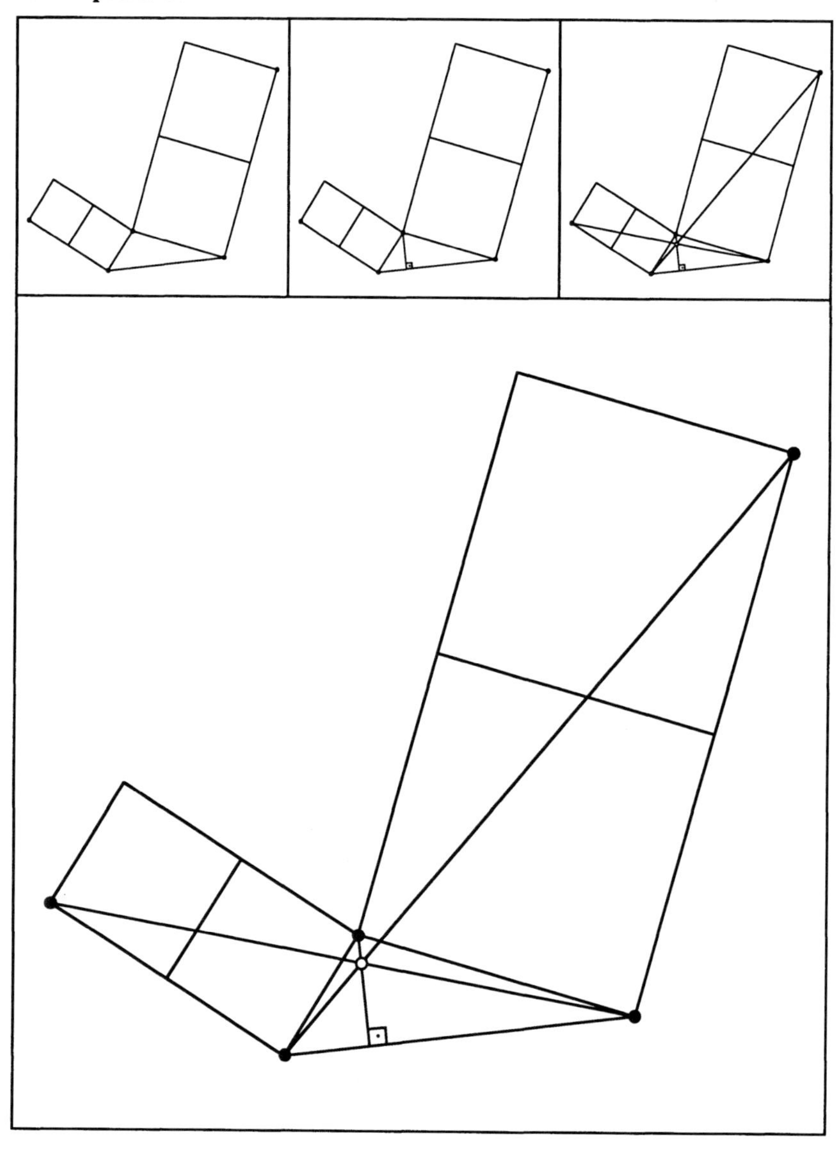

Schnittpunkt 65

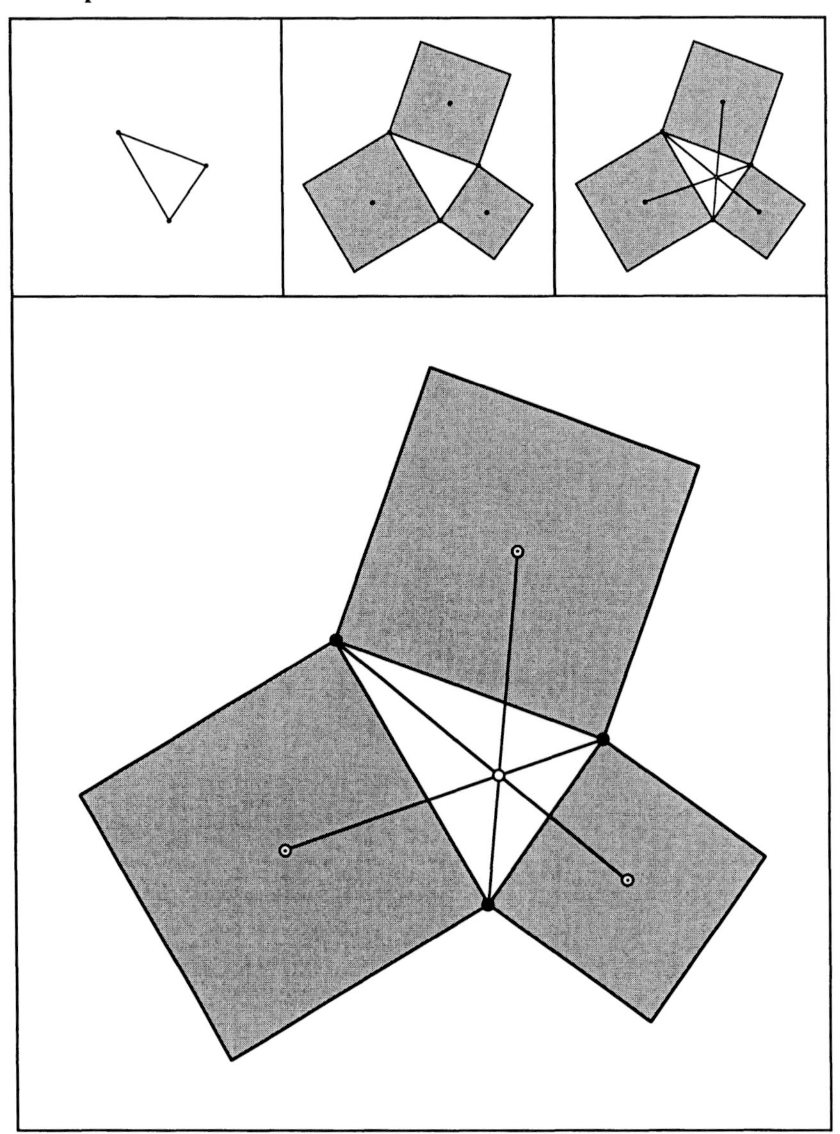

Pythagoras lässt nicht grüßen.

Schnittpunkt 66

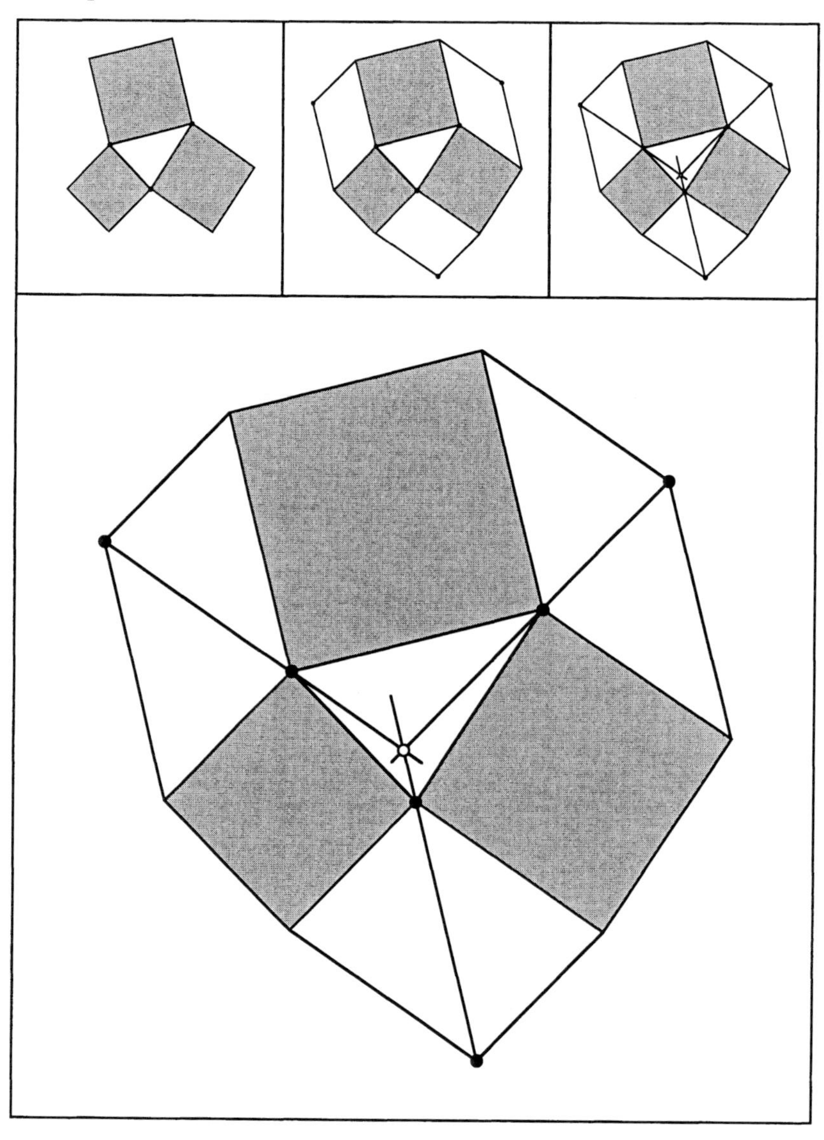

Schnittpunkt 67

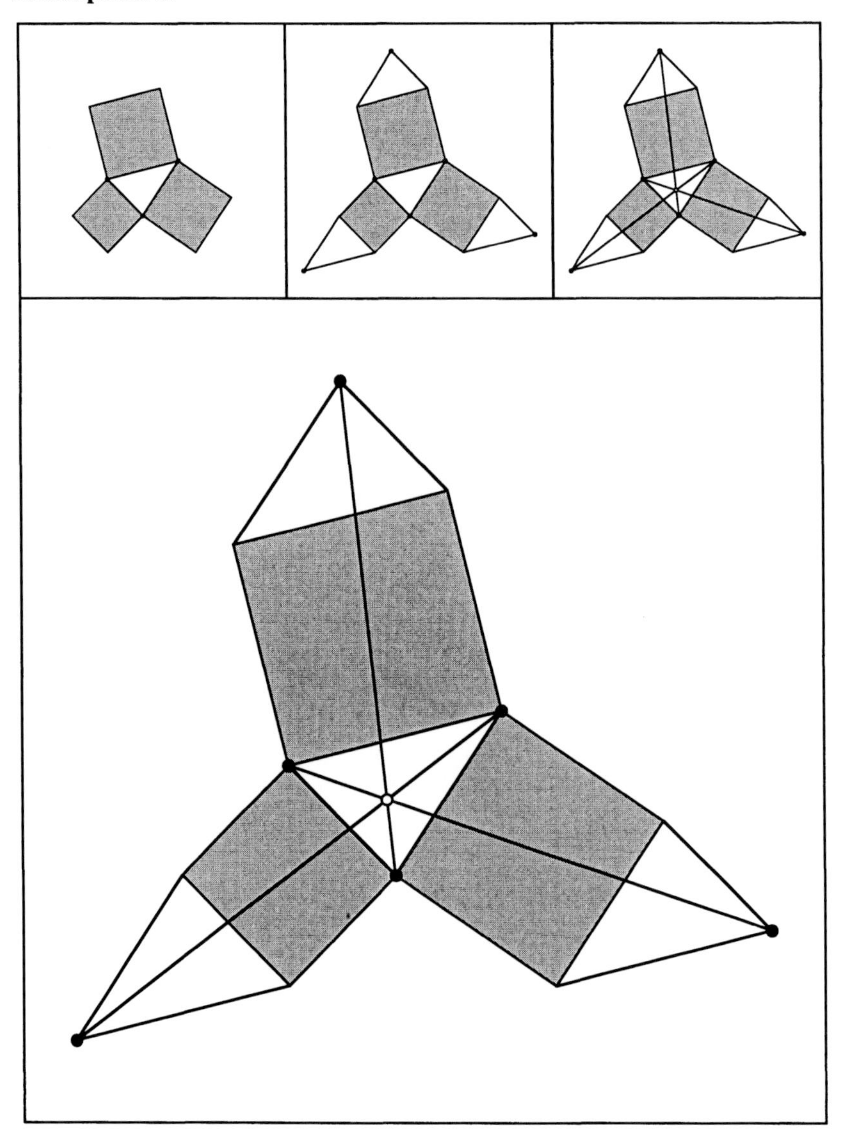

Schnittpunkt 68

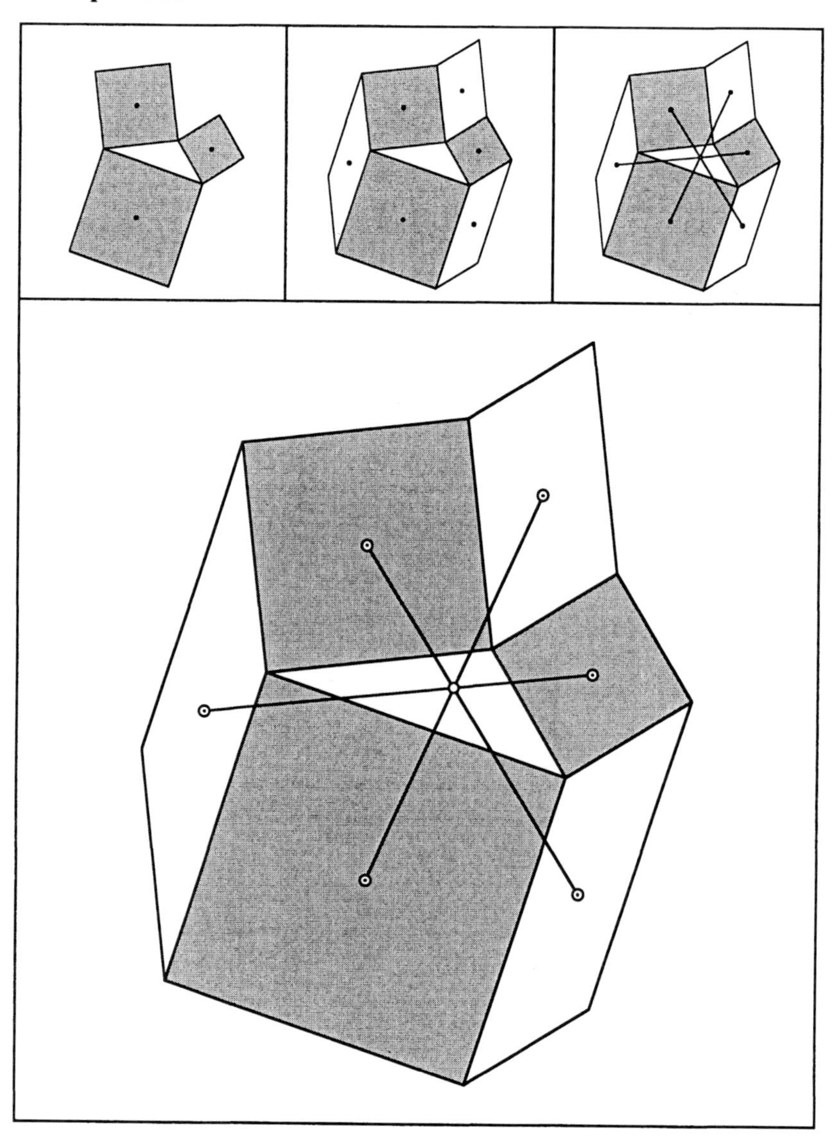

Schnittpunkt 69

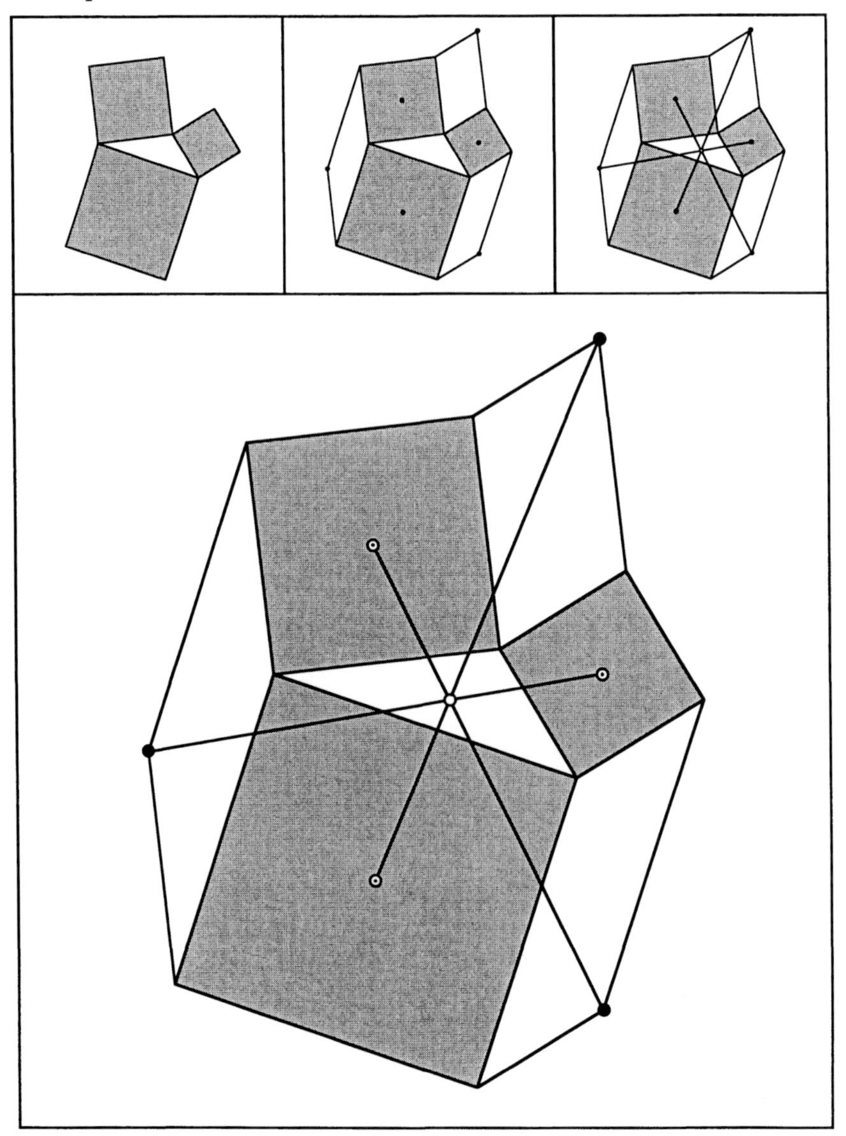

Schnittpunkt 70

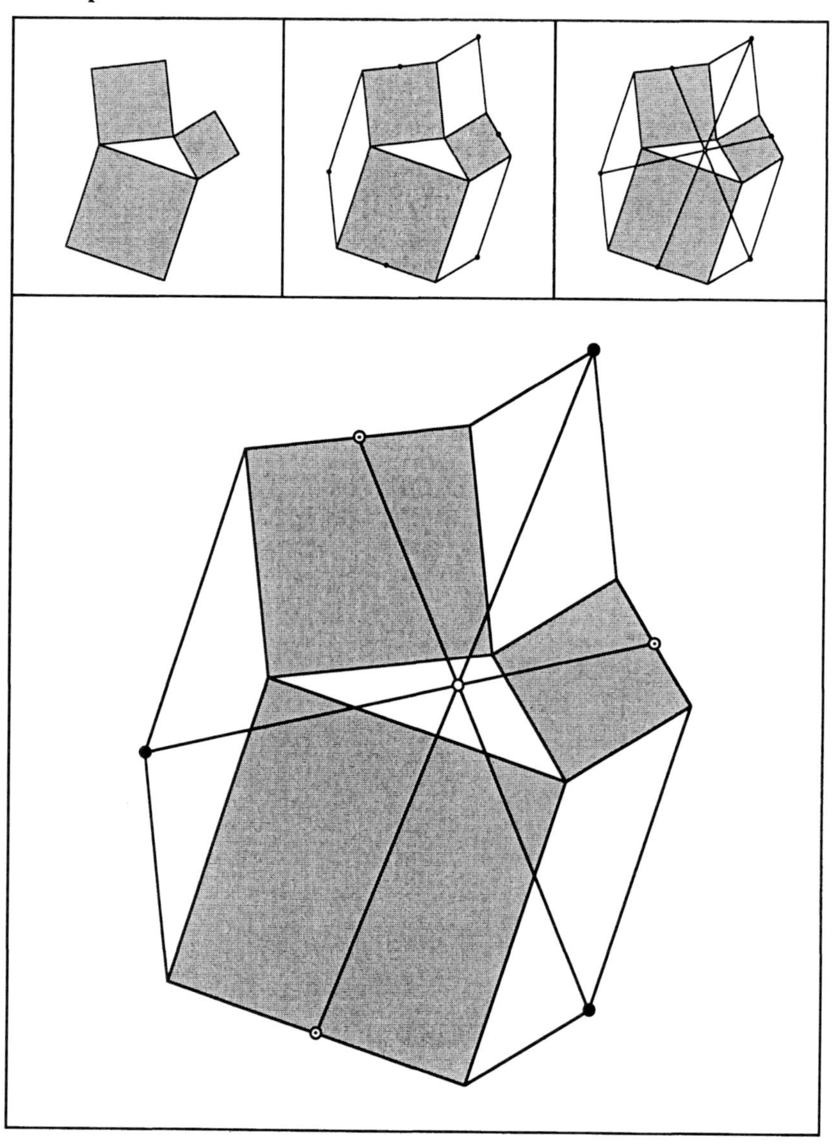

Schnittpunkt 71

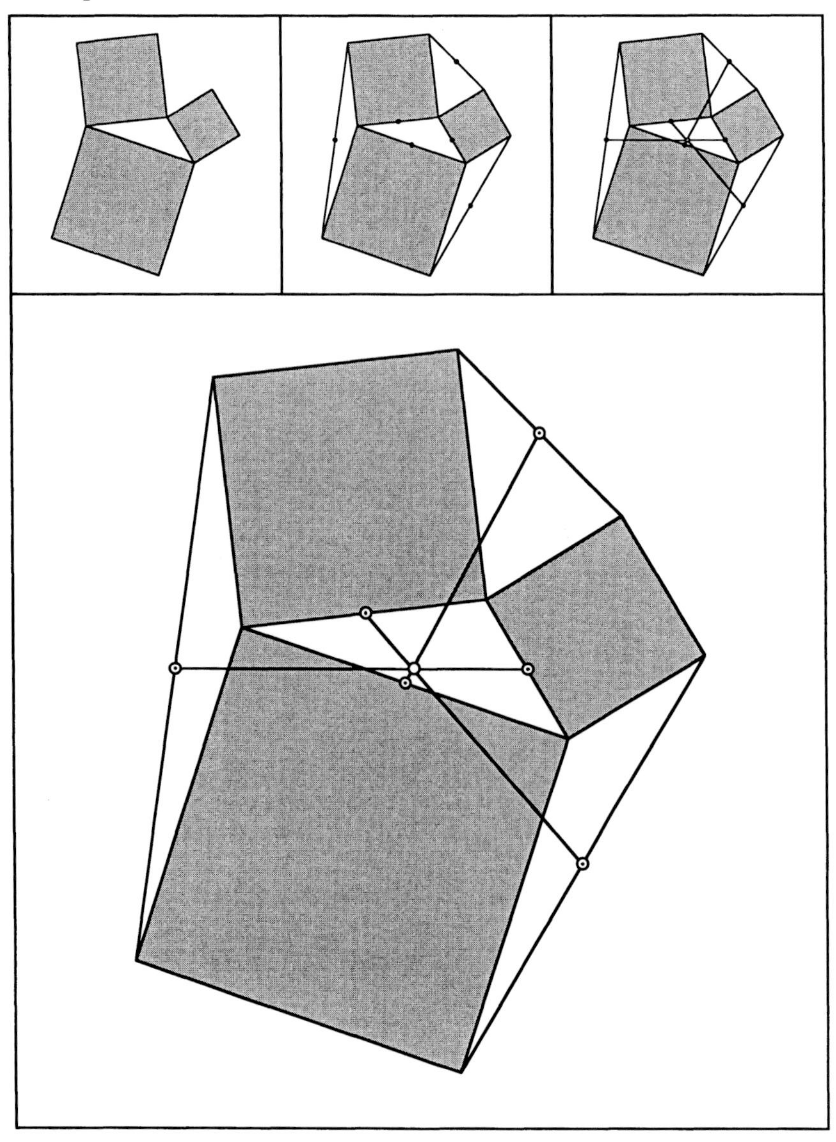

Schnittpunkt 72

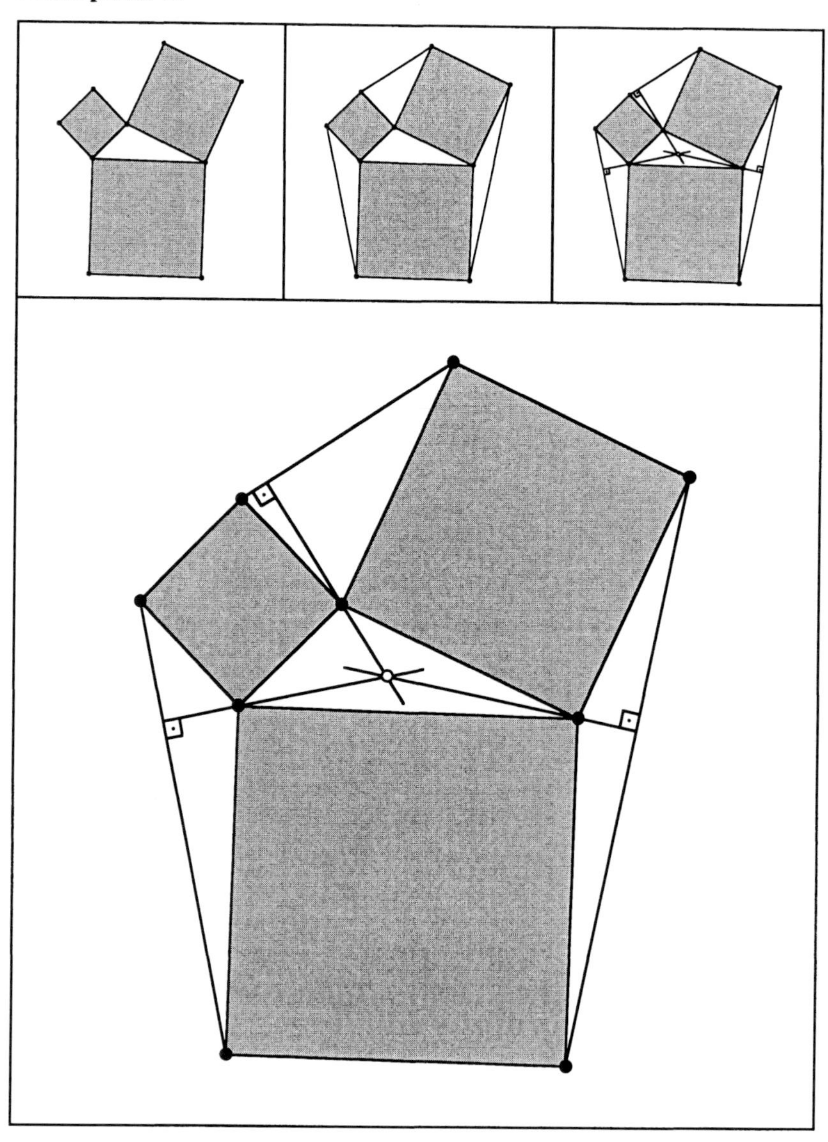

Vgl. [Hoehn 2001]

Schnittpunkt 73

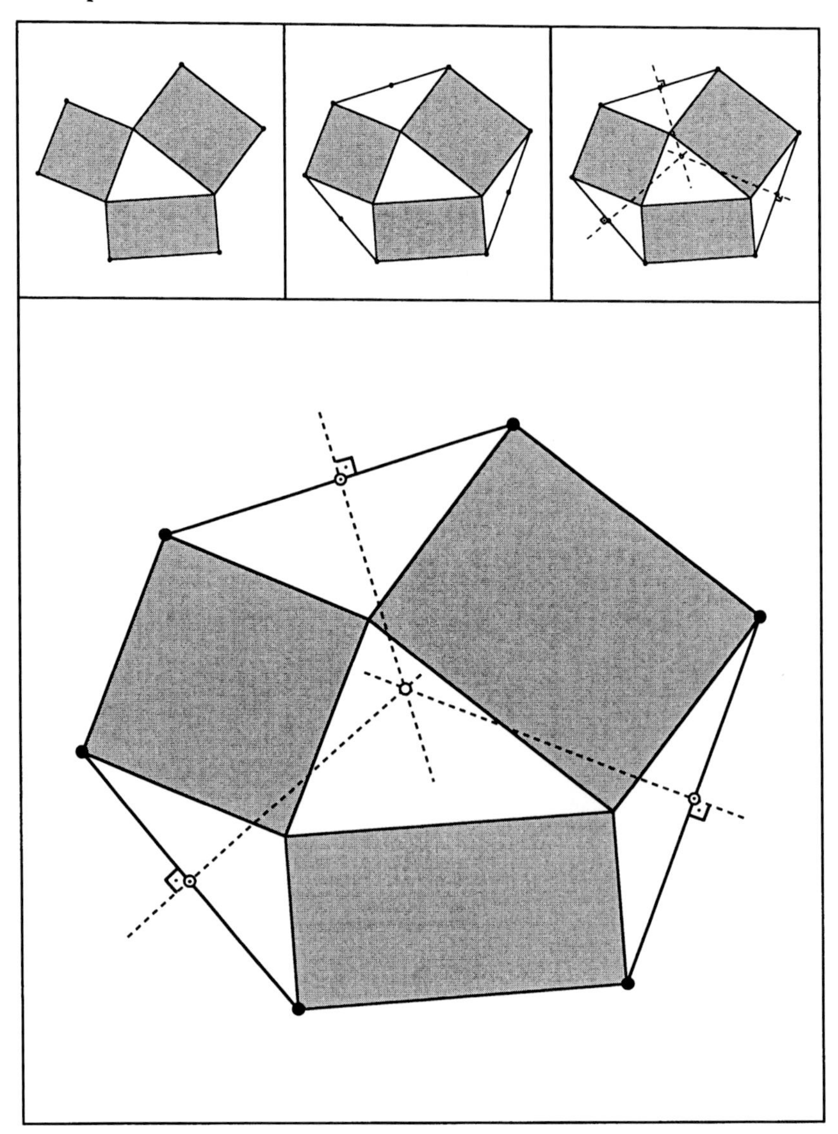

Vgl. PM, Praxis der Mathematik, 3/39, S, 138, Aufg. 685

Schnittpunkt 74

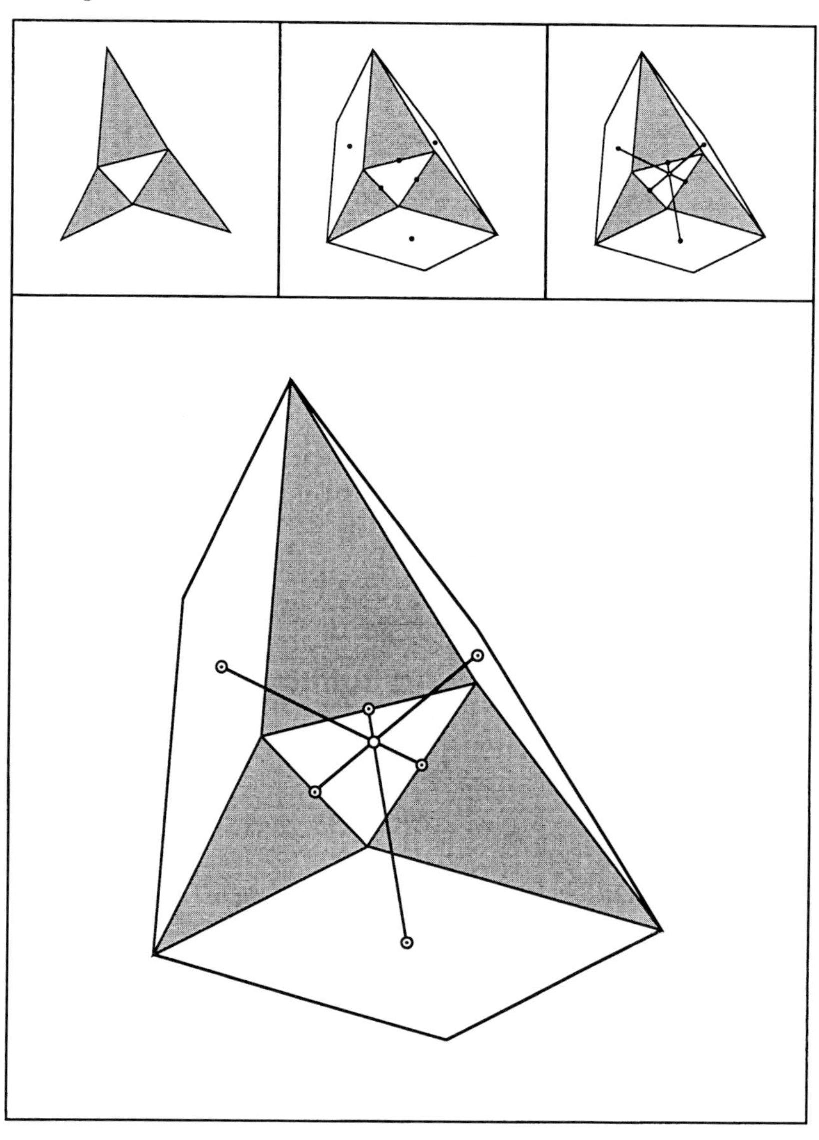

Schnittpunkt 75

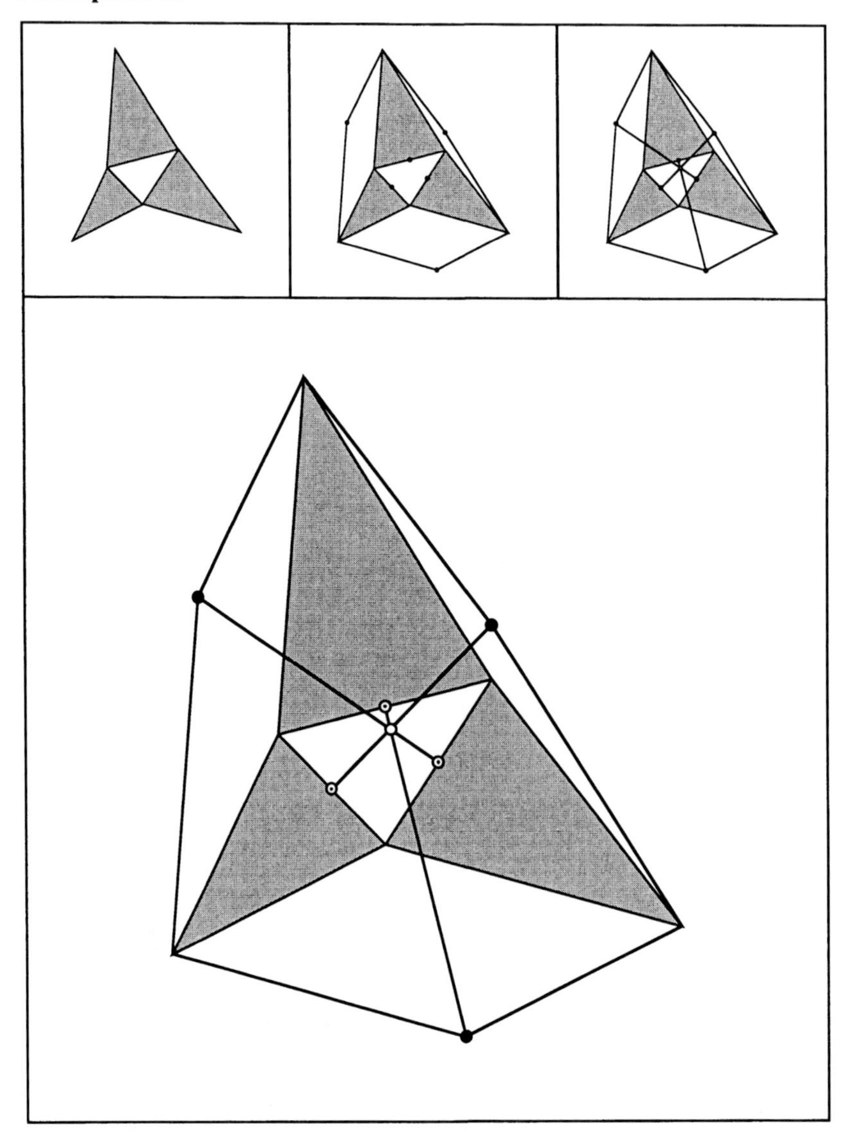

Schnittpunkt 76

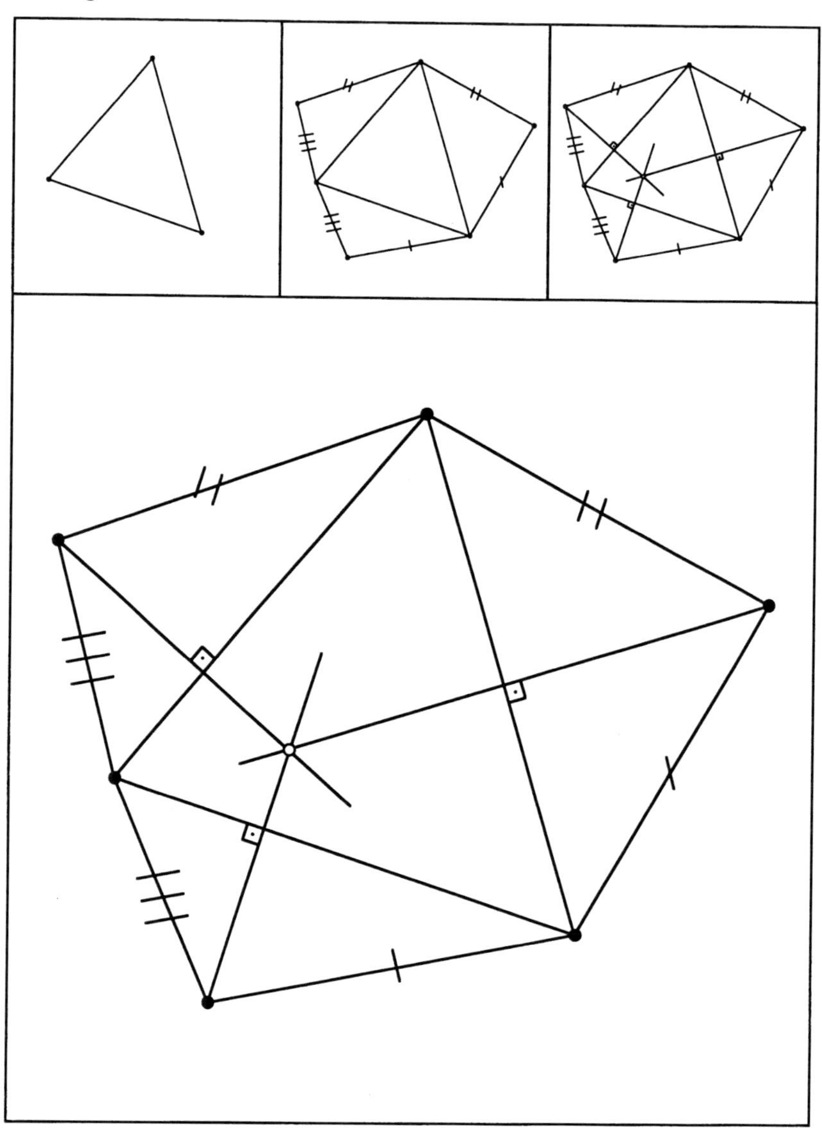

Anregung: Roland Wyss

Schnittpunkt 77

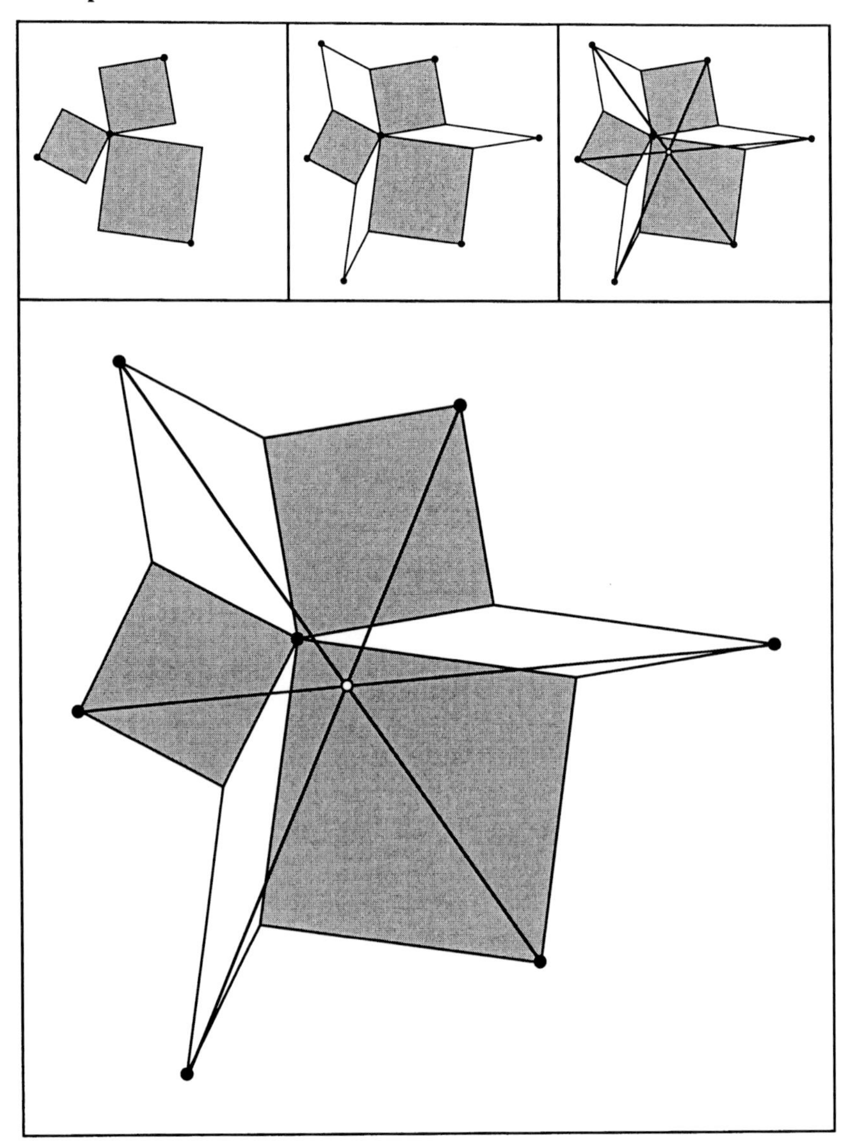

Vgl. Abschnitt 3.7.3

Schnittpunkt 78

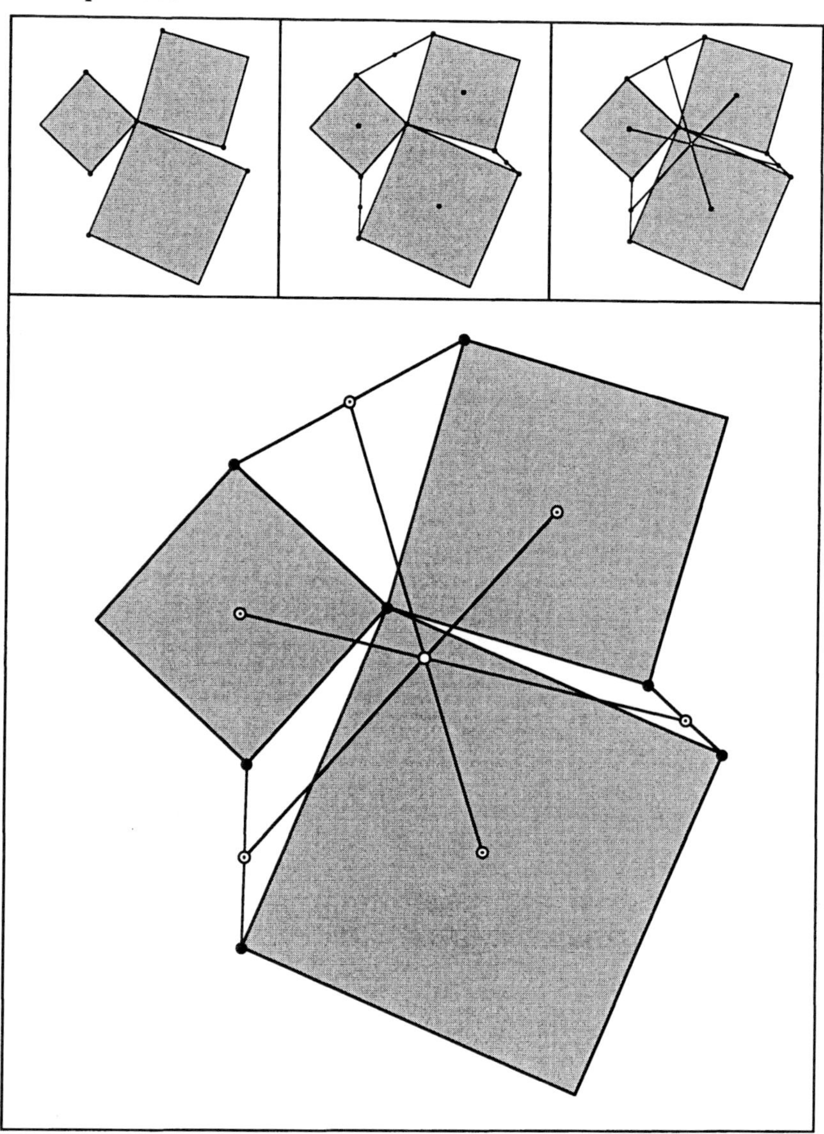

Vgl. Abschnitt 3.7.3

Schnittpunkt 79

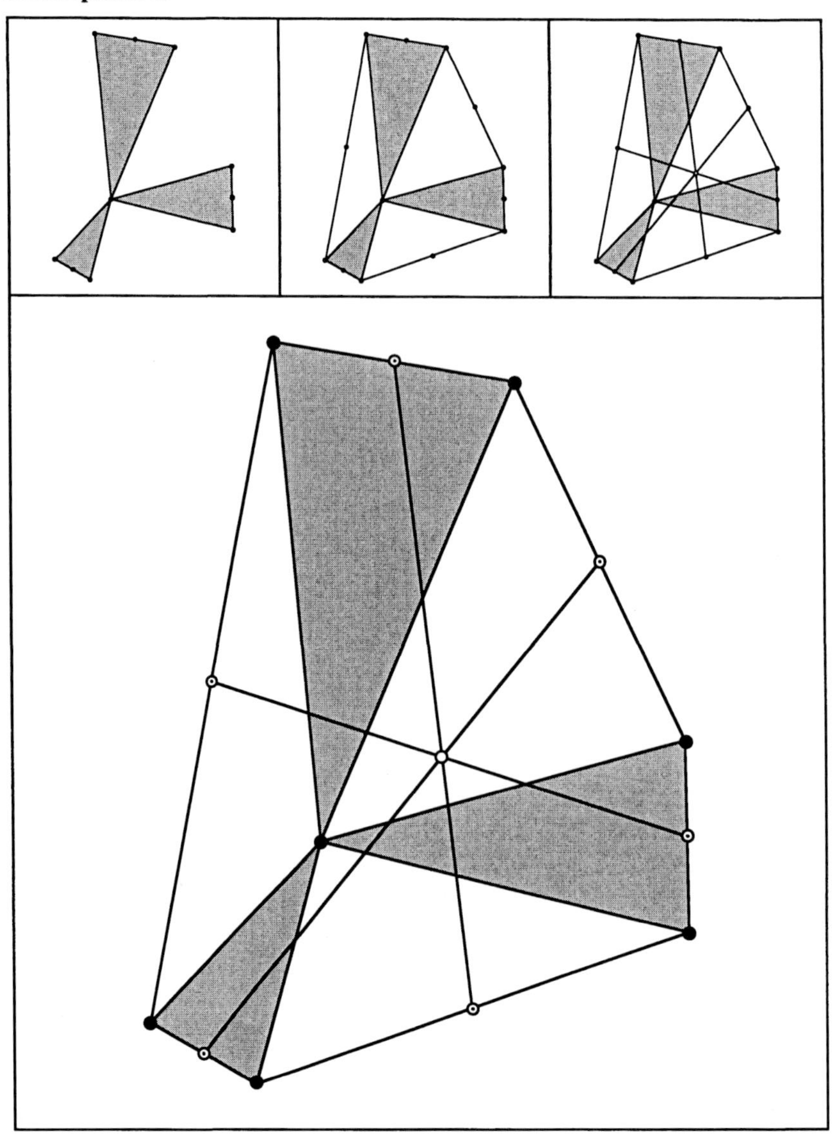

Propeller, vgl. Abschnitt 3.7.3

Schnittpunkt 80

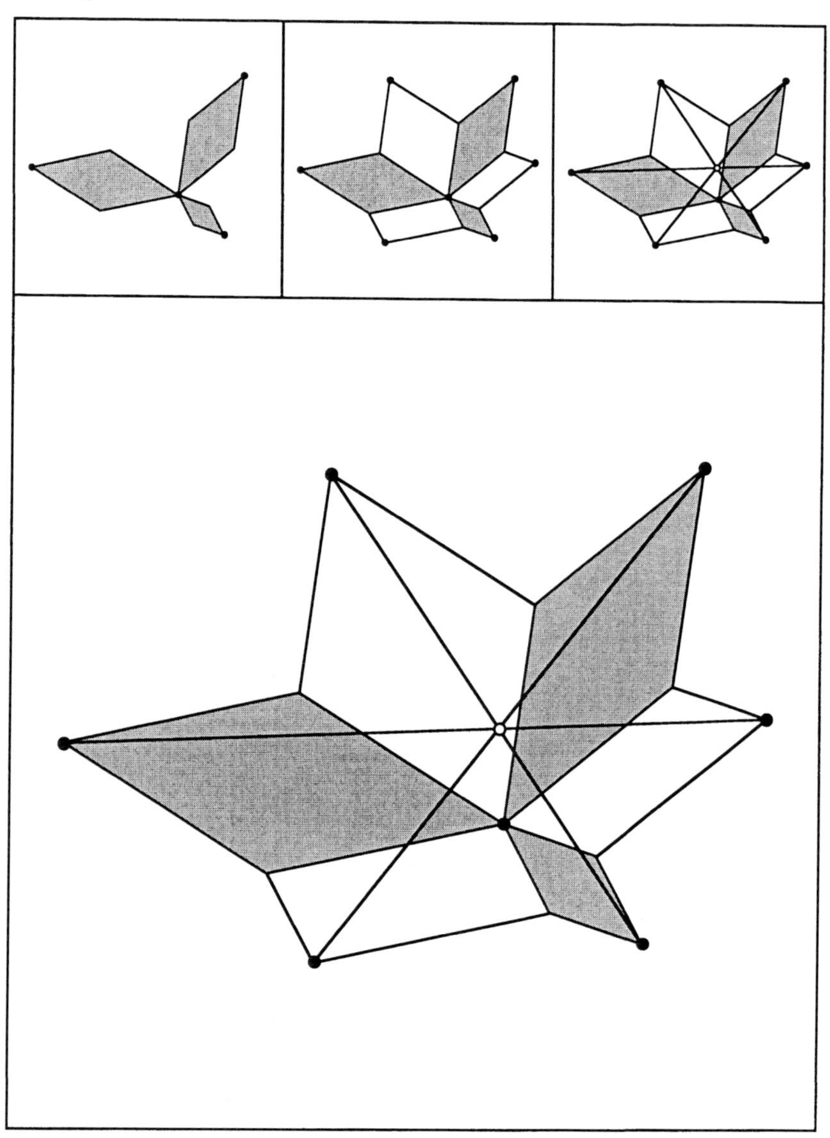

Vgl. Abschnitt 3.7.3

Schnittpunkt 81

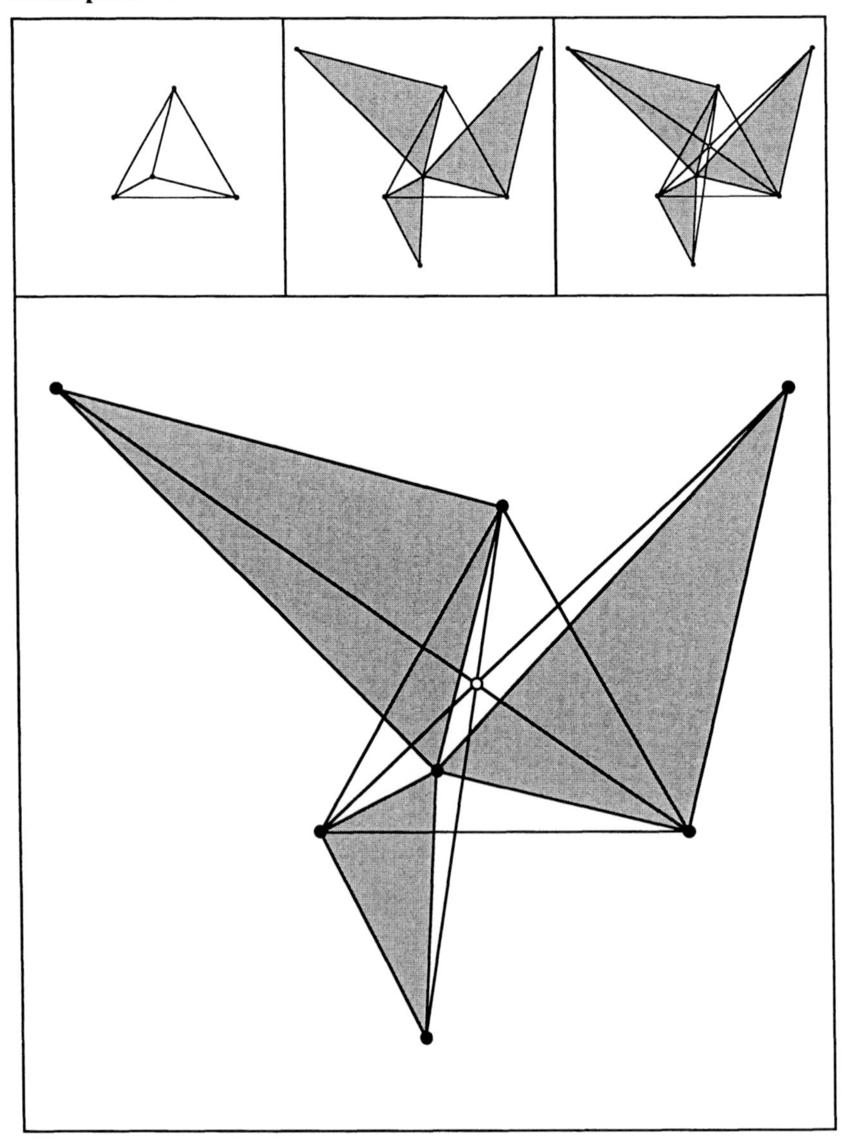

Schnittpunkt 82

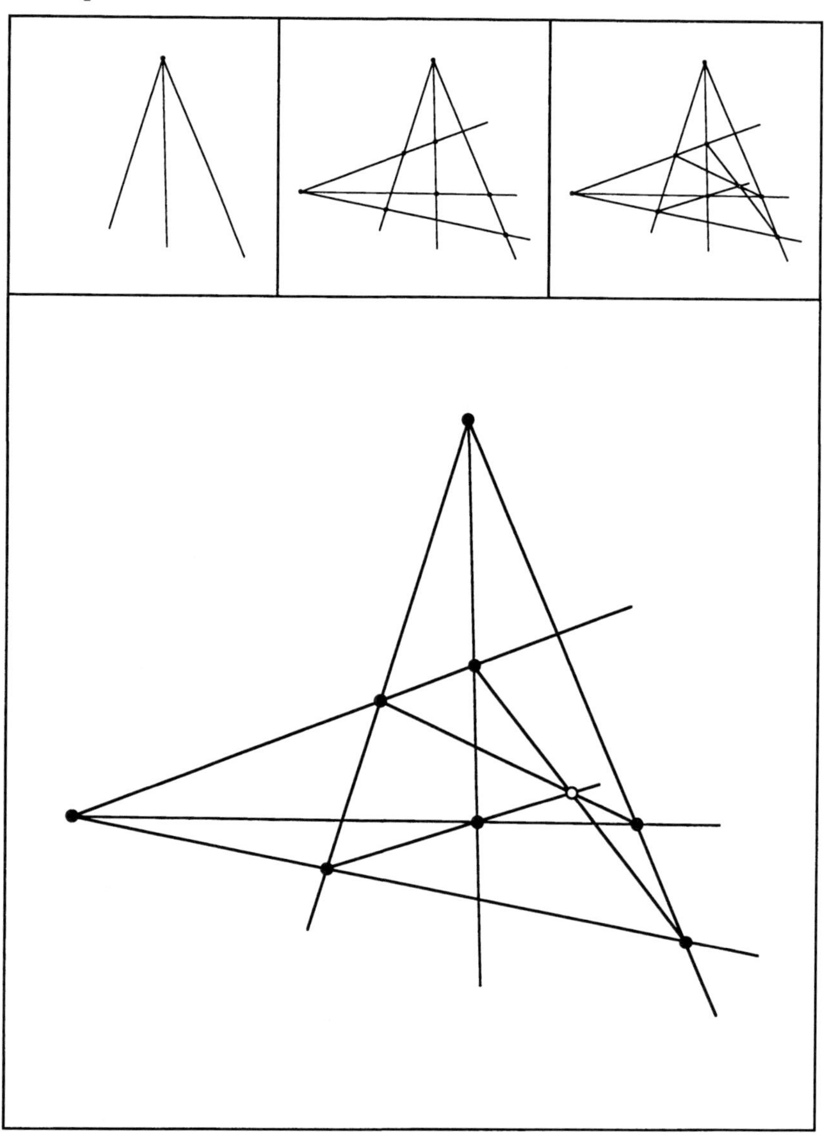

Hommage à Girard Desargues

Schnittpunkt 83

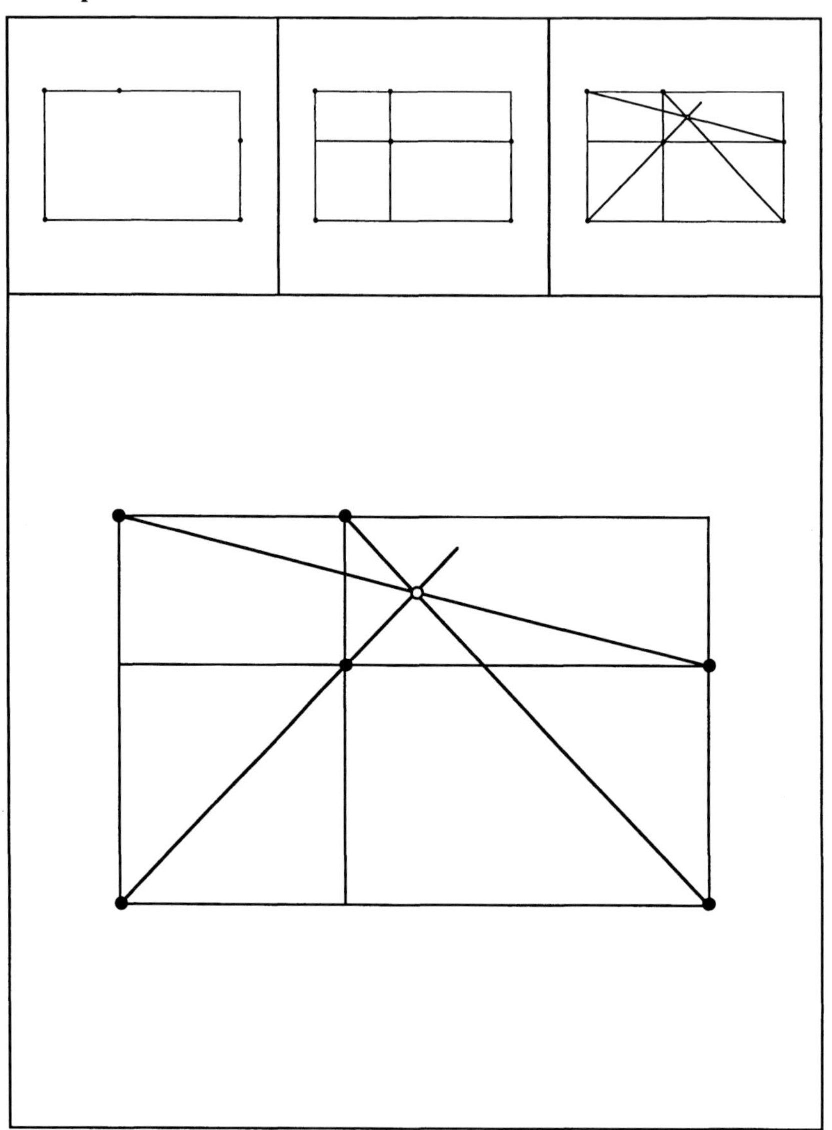

Vgl. [Wells 1991], S. 169

Schnittpunkt 84

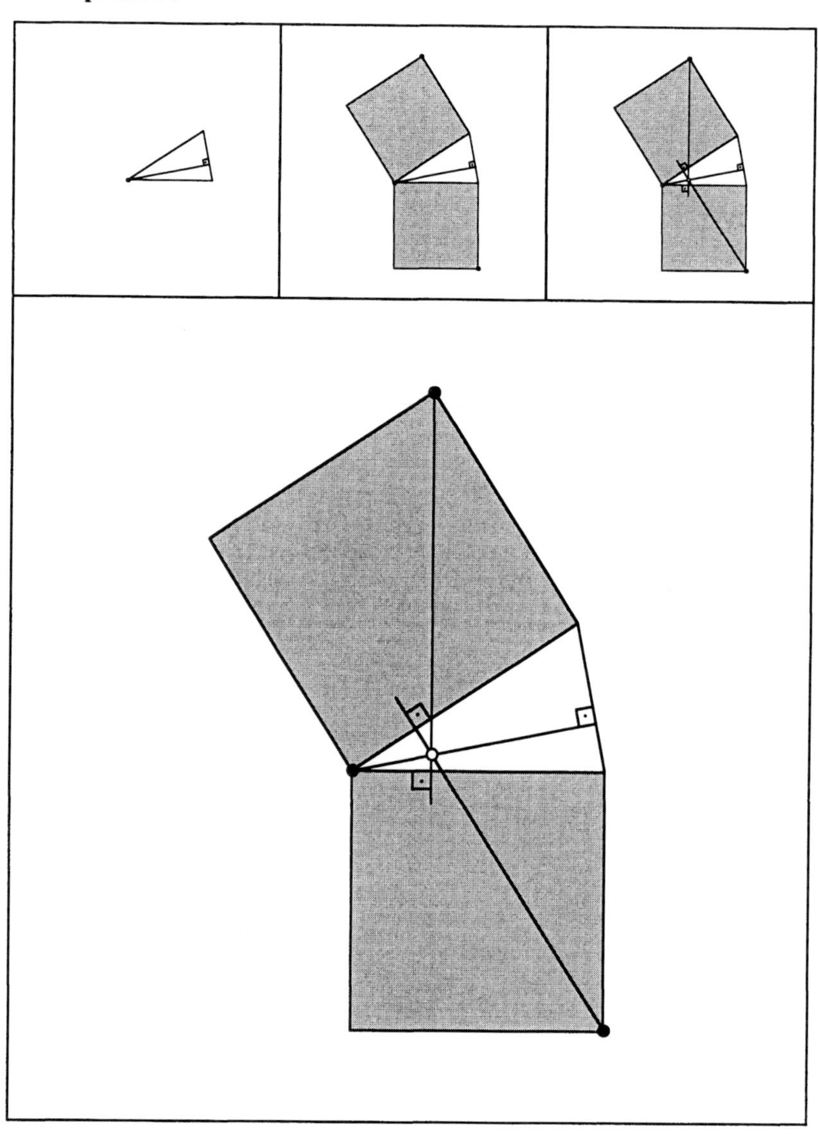

Vgl. Abschnitt 3.7.4

Schnittpunkt 85

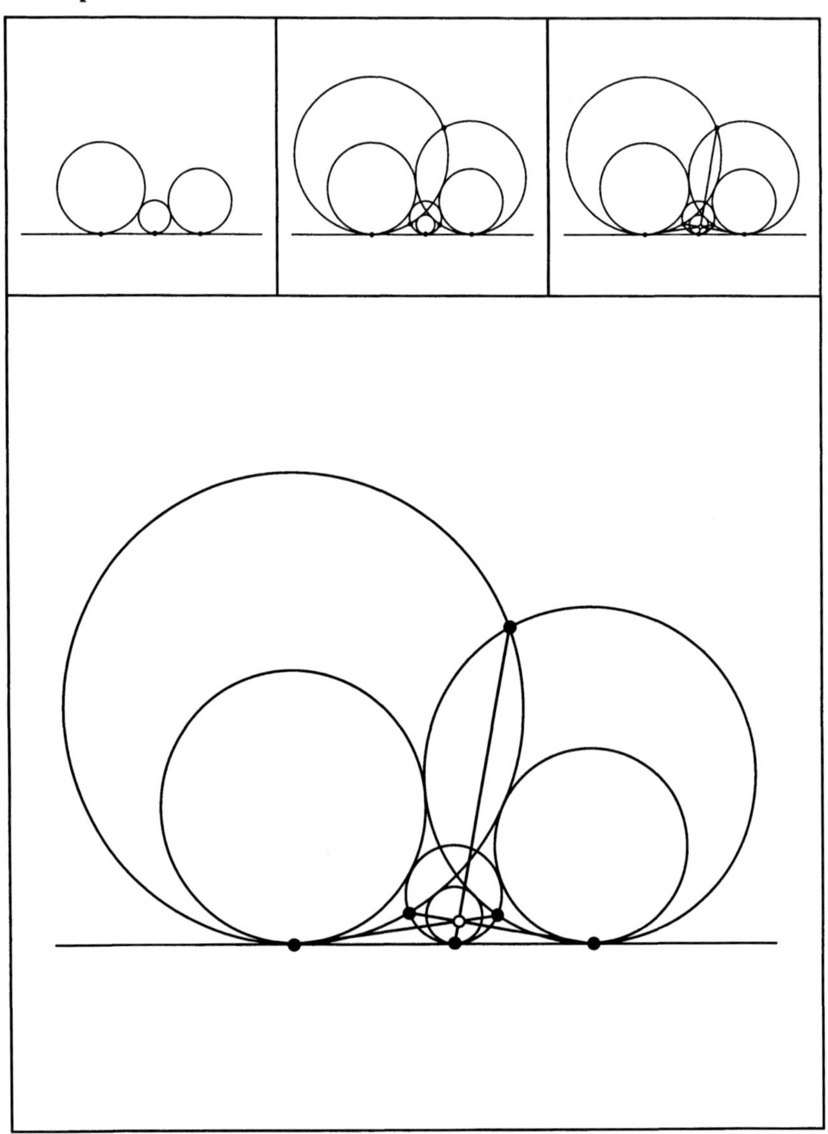

Kissing Circles

Schnittpunkt 86

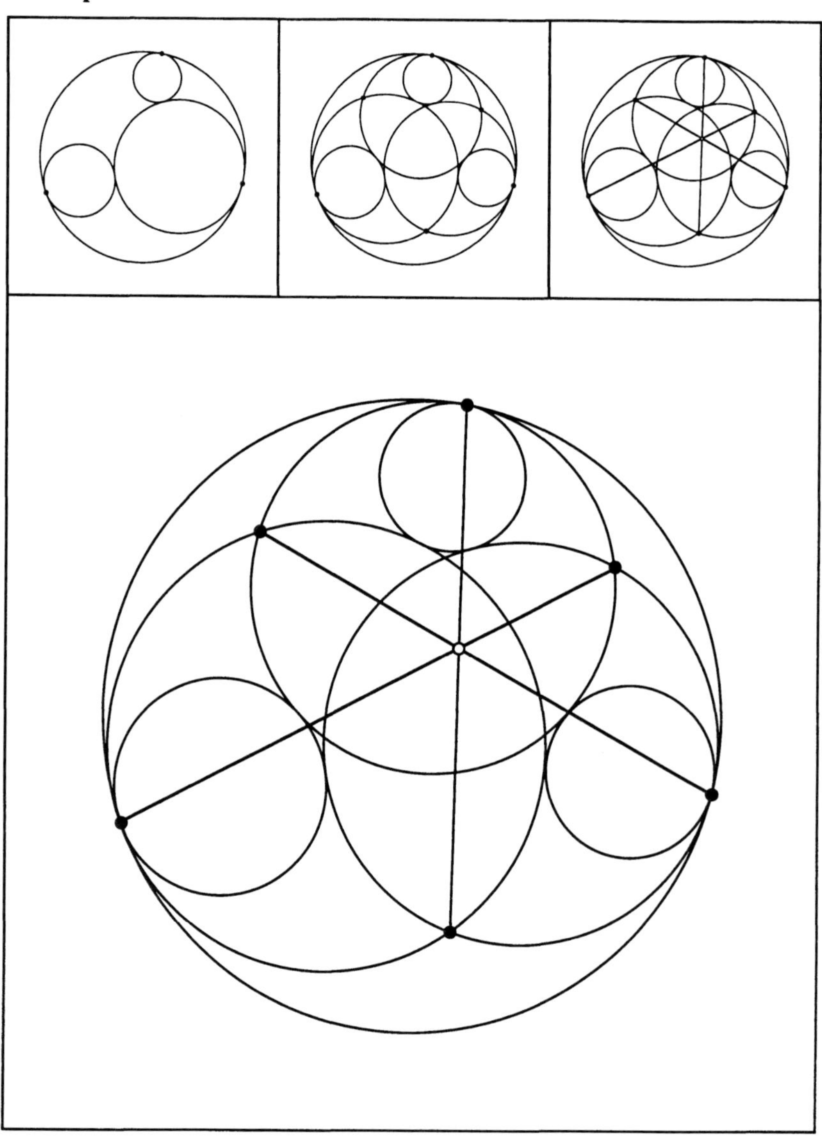

Schnittpunkt 87

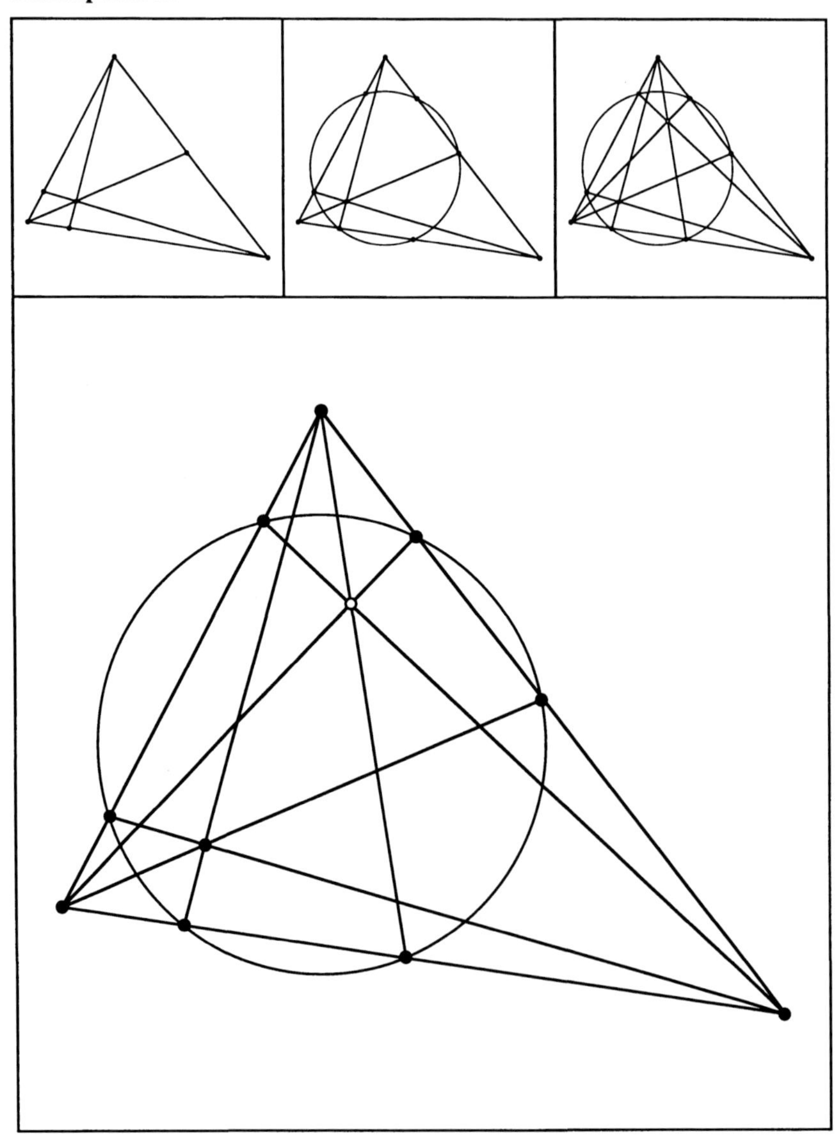

Hommage an Karl Feuerbach, vgl. Abschnitt 3.7.5

Schnittpunkt 88

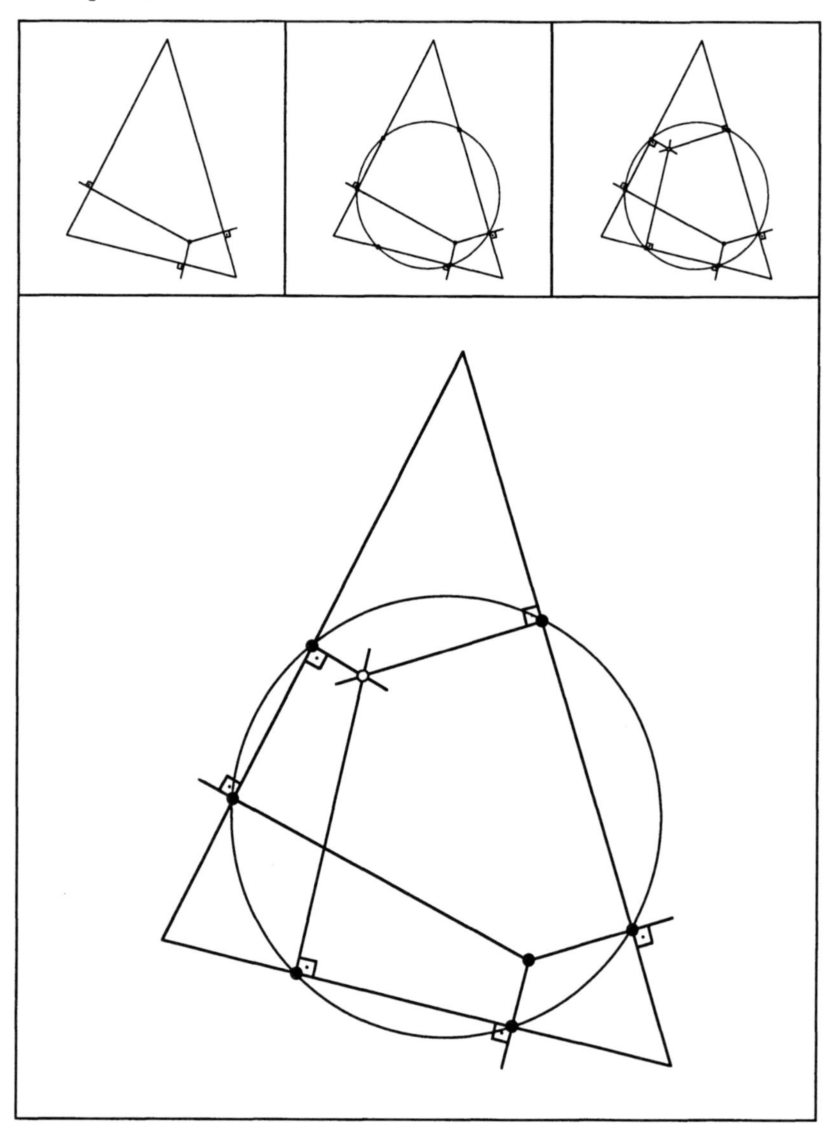

Schnittpunkt 89

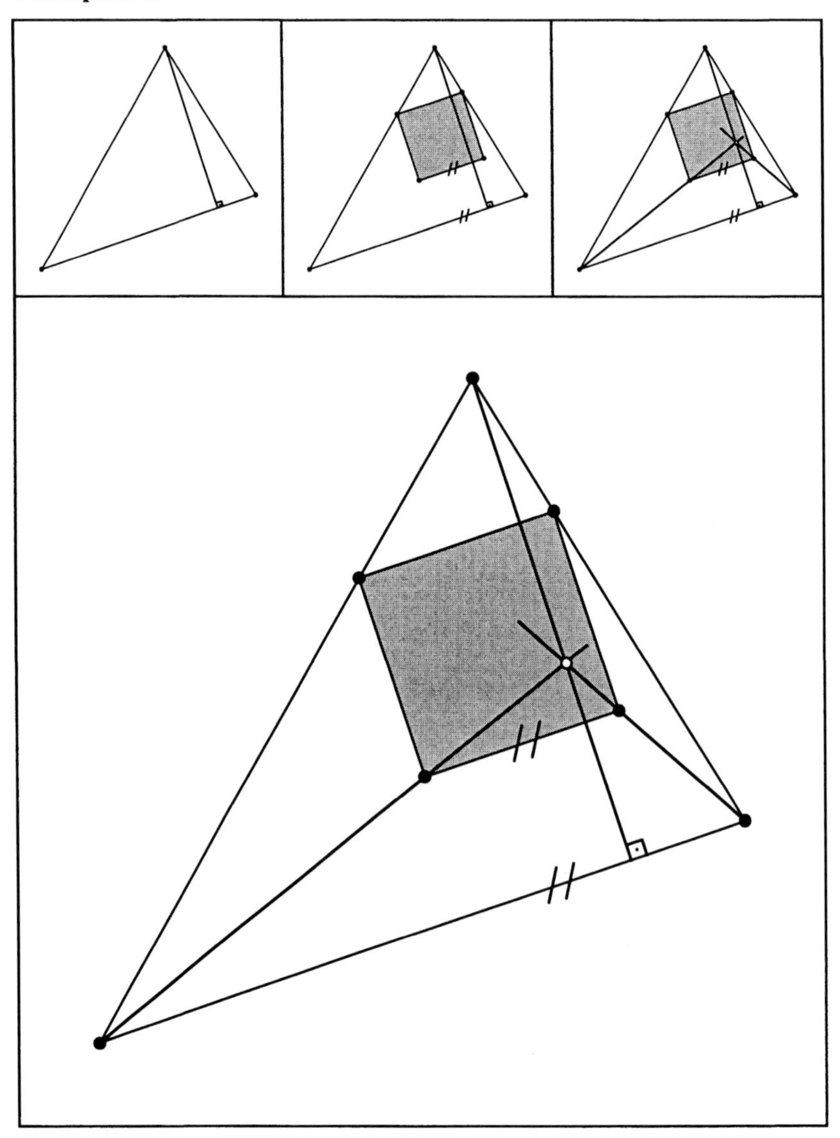

Schnittpunkt 90

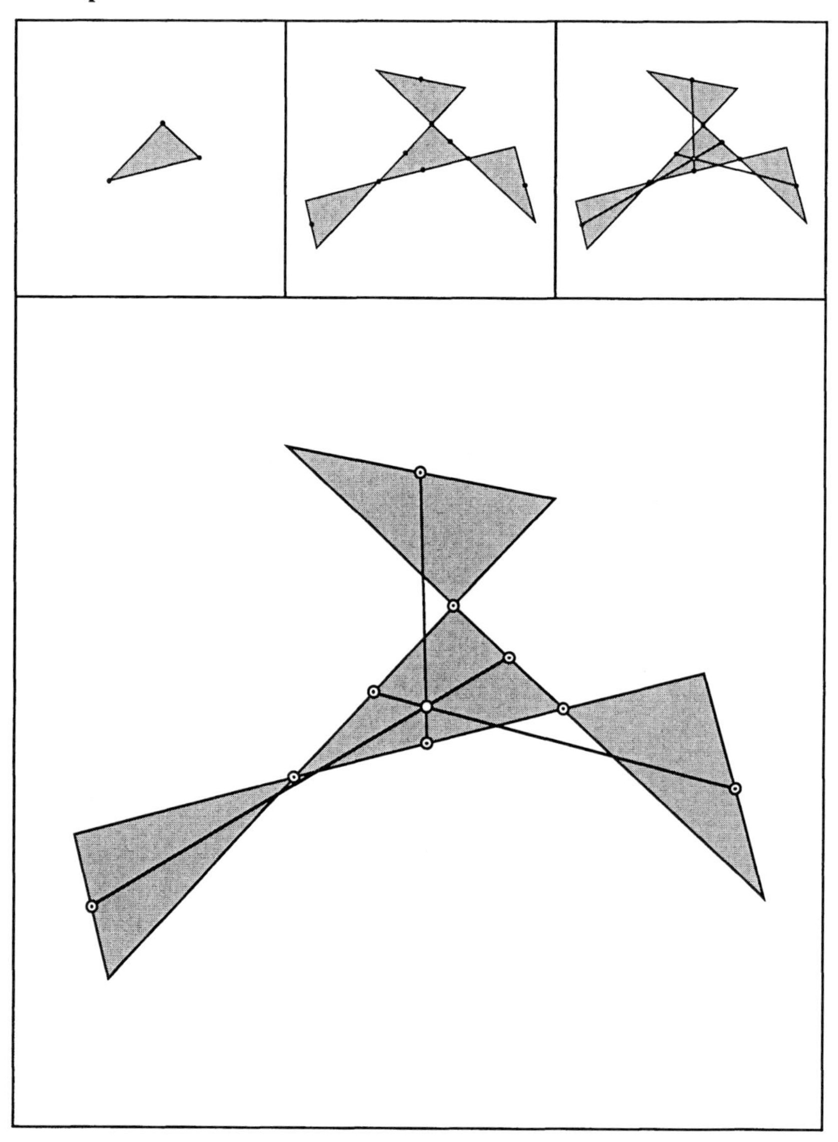

Schmetterlinge

Schnittpunkt 91

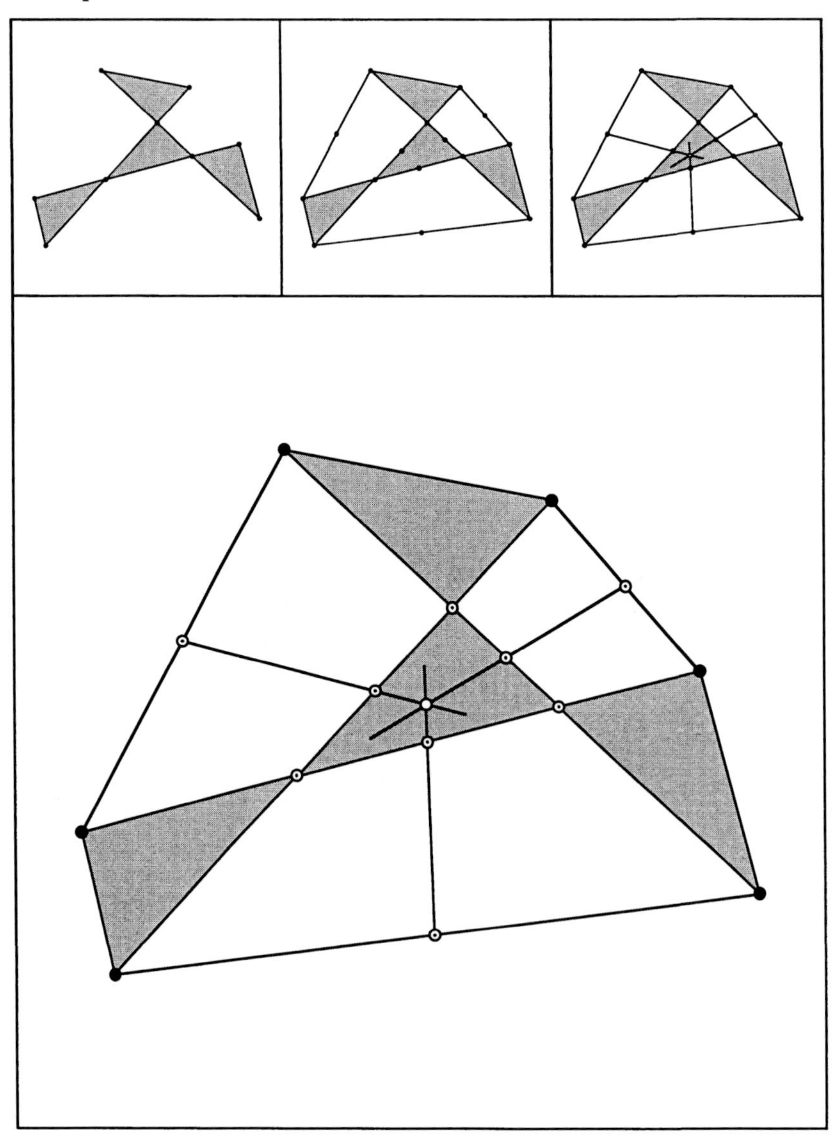

Schnittpunkt 92

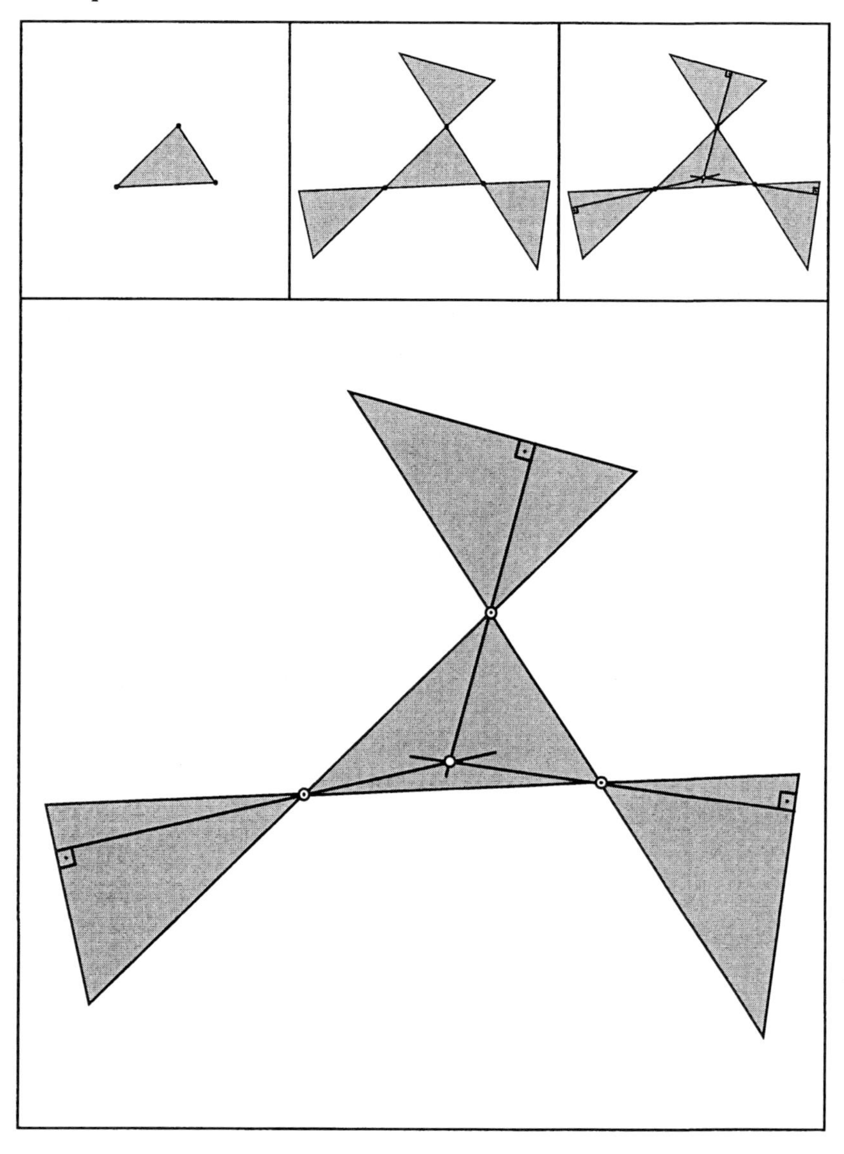

Schnittpunkt 93

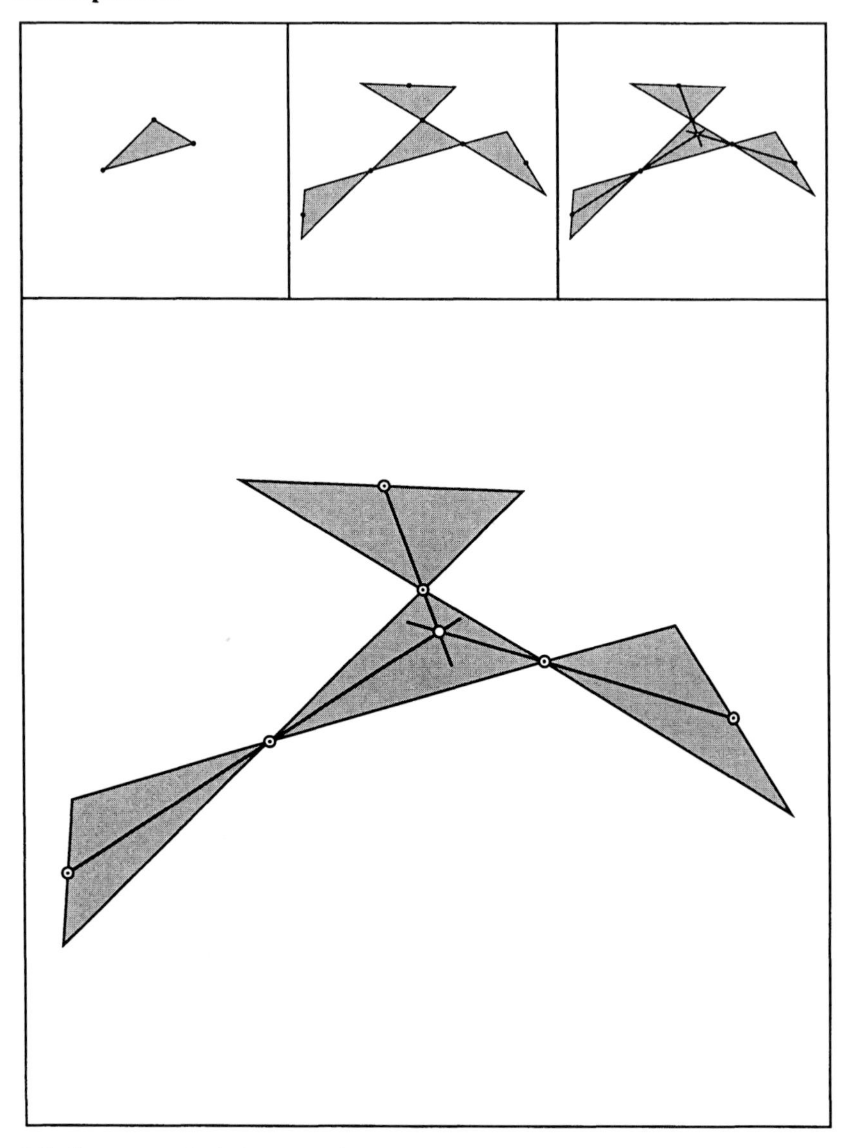

J.T. Groenman, Aufgabe 798, Elemente der Mathematik, 1978, S. 19

Schnittpunkt 94

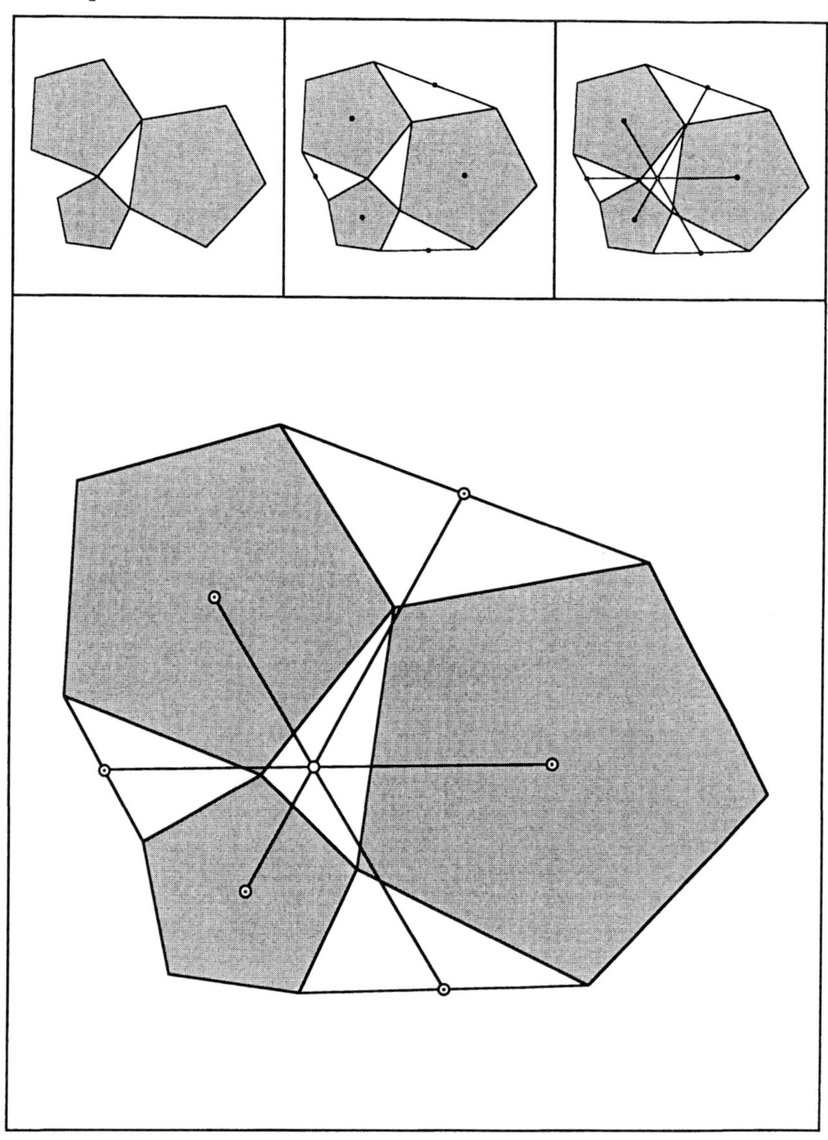

Schnittpunkt 95

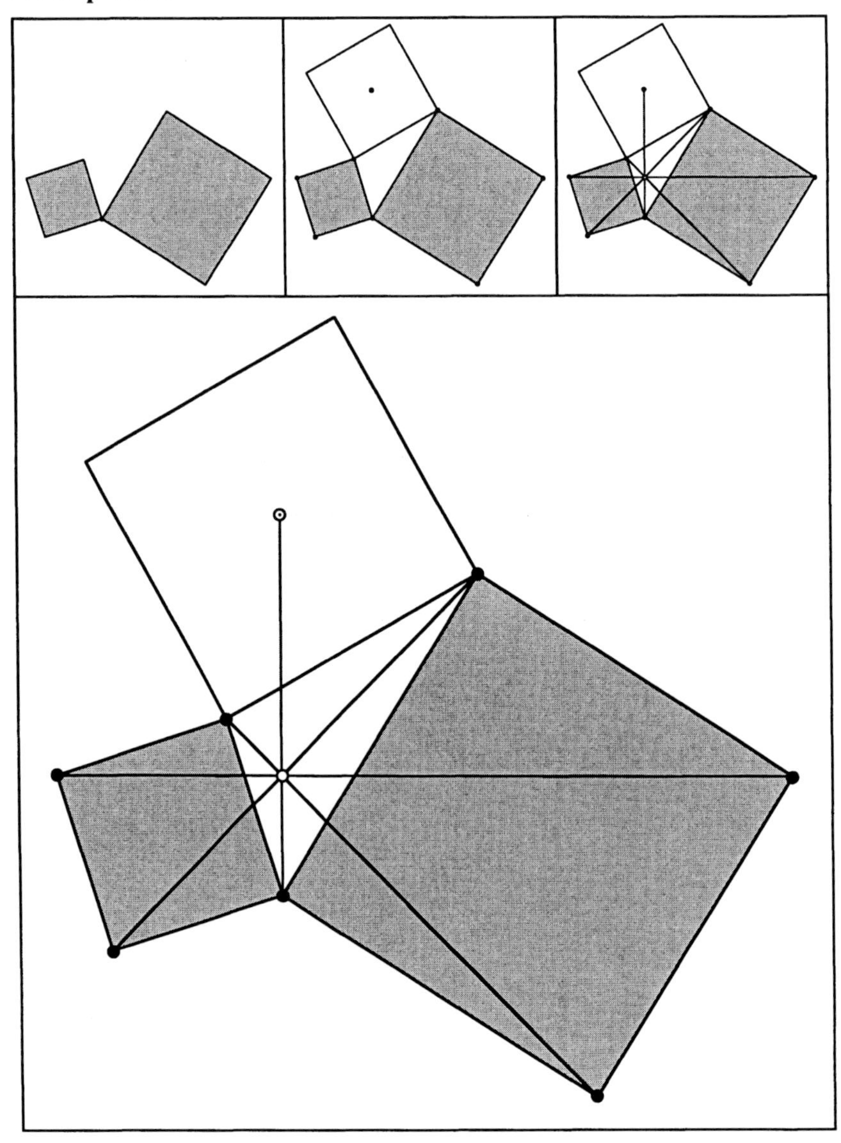

Zwei Quadrate und ein drittes

Schnittpunkt 96

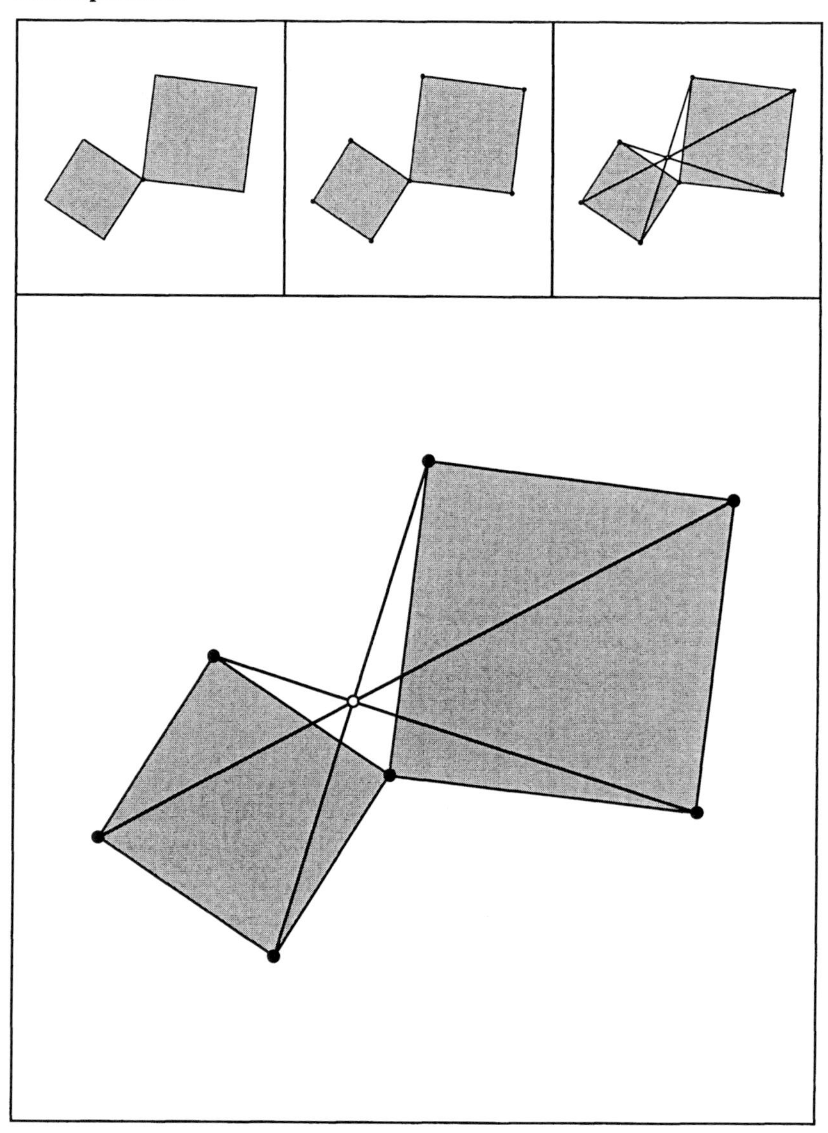

Vgl. [Detemple/Harold 1996], S. 19, sowie Abschnitt 3.7.6

Schnittpunkt 97

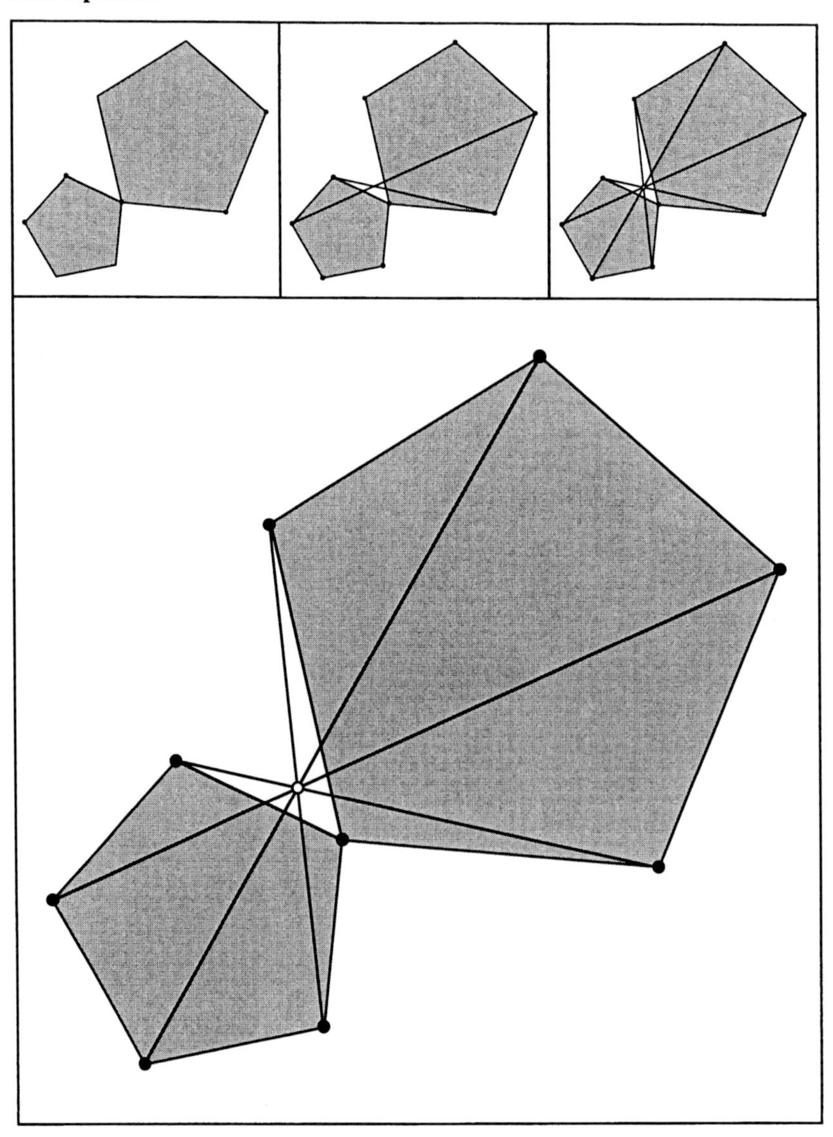

Vgl. Abschnitt 3.7.6

Schnittpunkt 98

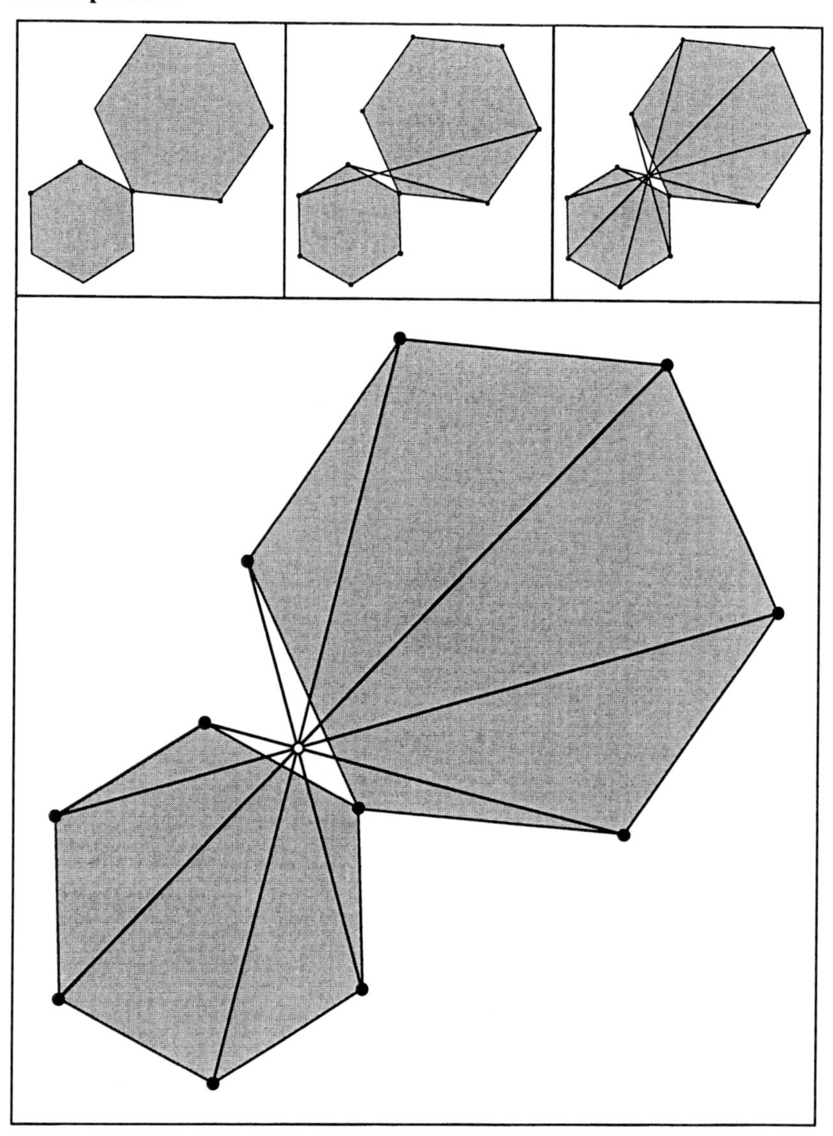

Vgl. Abschnitt 3.7.6

Schnittpunkt 99

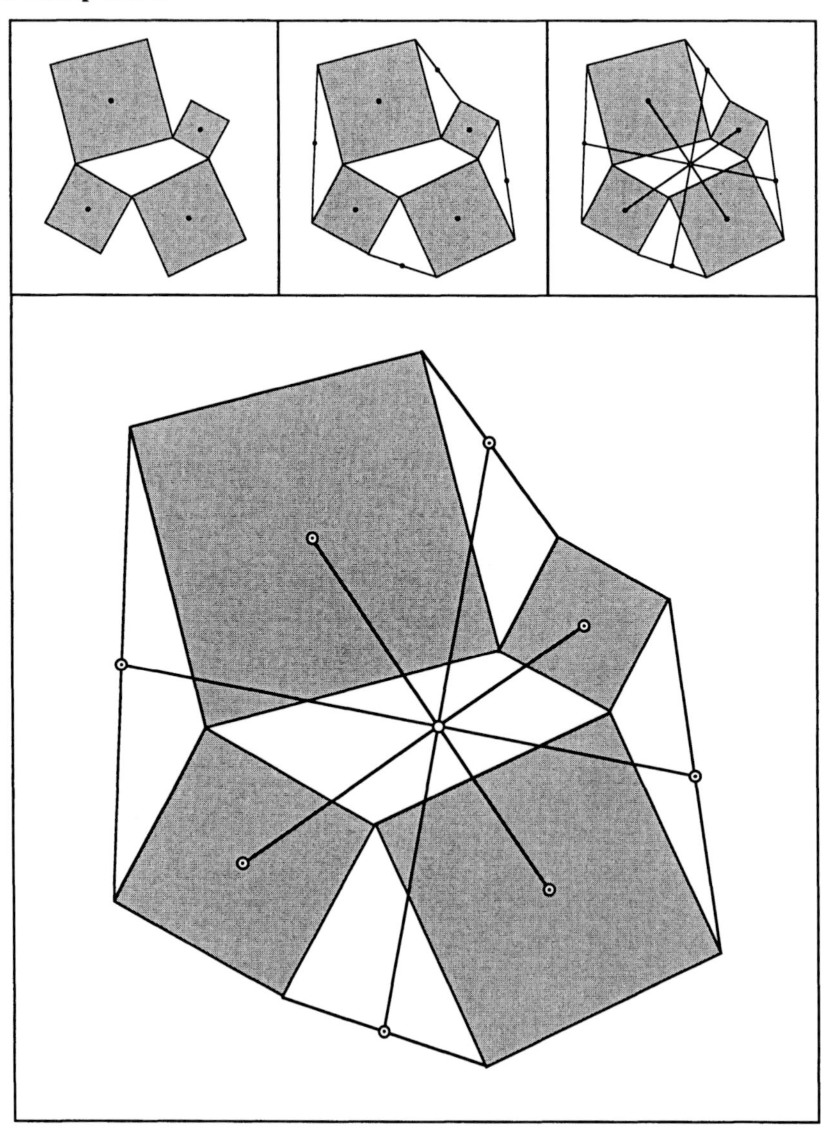

Vgl. [Detemple/Harold 1996], S. 25

3 Der Hintergrund

3.1 Die vier Klassiker

Mit *Schnittpunkten im Dreieck* werden allgemein die vier „klassischen" Schnittpunkte assoziiert: Der *Schwerpunkt* S (Schnittpunkt der Seitenhalbierenden), der Schnittpunkt U der Mittelsenkrechten der Dreiecksseiten (*Umkreismittelpunkt*), der *Höhenschnittpunkt* H und der Schnittpunkt I der Winkelhalbierenden (*Inkreismittelpunkt*) (vgl. Abb. 3.1.1).

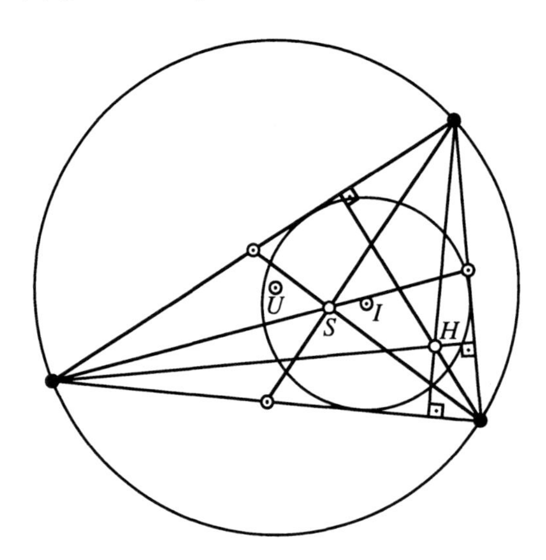

Abb. 3.1.1 Die vier Klassiker

Neben diesen vier Klassikern gibt es aber sehr viele weitere Schnittpunkte und spezielle Punkte im Dreieck, vgl. [Baptist 1992], [Donath 1976], [Hauptmann 1995], [Kimberling 1998], [Klemenz 2003], [Longuet-Higgins 2001], [Walser 1990-1994], [Walser 1993], Websites: [Kimberling, Clark], [mathworld], [Walser, Hans].

Es fällt auf, dass S, H und U auf einer Geraden liegen – der sogenannten *Eulerschen Geraden*. Die Eulersche Gerade wird im Abschnitt 3.6 besprochen.

Der Inkreismittelpunkt I schert aus. Es gibt jedoch eine Möglichkeit, denselben Punkt sowohl als Inkreismittelpunkt wie auch als Höhenschnittpunkt zu sehen.

Dazu beginnen wir mit einem Sehnensechseck $A_0B_2A_1B_0A_2B_1$ mit der Eigenschaft, dass die an einer Ecke B_i anstoßenden Seiten jeweils gleich lang sind, also:

$$\overline{A_1B_0} = \overline{A_2B_0}, \quad \overline{A_2B_1} = \overline{A_0B_1}, \quad \overline{A_0B_2} = \overline{A_1B_2}$$

Dann haben die drei Geraden A_iB_i, $i \in \{0,1,2\}$, einen gemeinsamen Schnittpunkt P (Abb. 3.1.2).

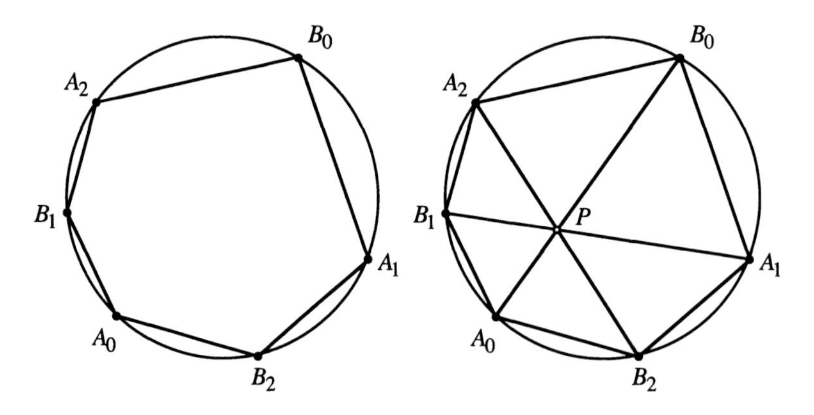

Abb. 3.1.2 Sechseck und Schnittpunkt

Dieser Schnittpunkt P kann auf zwei Arten als „besonderer Punkt" gesehen werden.

Inkreismittelpunkt: Im Dreieck $A_0A_1A_2$ ist der Punkt P der Schnittpunkt der *Winkelhalbierenden*, also der Inkreismittelpunkt (Abb. 3.1.3).

Die Winkel $\sphericalangle A_1A_0B_0$ und $\sphericalangle B_0A_0A_2$ sind nämlich Peripheriewinkel über gleich langen Sehnen und daher gleich groß. Die Gerade A_0B_0 halbiert also den Dreieckswinkel bei A_0. Entsprechendes gilt für die beiden anderen Geraden.

Damit ist auch bewiesen, dass die drei Geraden $A_iB_i, i \in \{0,1,2\}$, tatsächlich kopunktal sind.

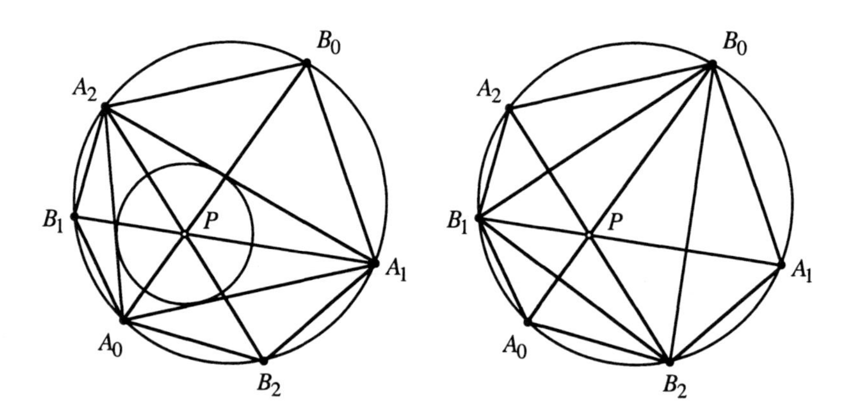

Abb. 3.1.3 Inkreismittelpunkt

Abb. 3.1.4 Höhenschnittpunkt

Höhenschnittpunkt: Die Abbildung 3.1.4 lässt vermuten, dass der Schnittpunkt P der *Höhenschnittpunkt* im Dreieck $B_0B_1B_2$ ist.

Dies ist tatsächlich der Fall.

Die Winkel $\sphericalangle A_0B_1B_2$ und $\sphericalangle B_2B_1A_1$ sind als Peripheriewinkel über gleich langen Sehnen gleich groß; dasselbe gilt für die Winkel $\sphericalangle B_1B_2A_0$ und $\sphericalangle A_2B_2B_1$. Die beiden Dreiecke $B_1B_2A_0$ und B_1B_2P sind daher spiegelbildlich bezüglich der Seite B_1B_2. Somit steht die Gerade A_0P, also die Gerade A_0B_0, senkrecht auf der Seite B_1B_2 und ist eine Höhe des Dreieckes $B_0B_1B_2$. Entsprechendes gilt für die beiden anderen Geraden.

3.2 Beweismethoden

When shall we three meet again
In thunder, lightning, or in rain?
Shakespeare, Macbeth

Wenn drei Geraden durch ein und denselben Punkt verlaufen – drei solche Geraden werden als *kopunktal* bezeichnet –, so kann das ein Zufall sein oder aber eine besondere Eigenschaft dieser drei Geraden (zum Beispiel der drei Seitenhalbierenden eines Dreieckes), eine Eigenschaft, welche in jedem beliebigen Dreieck gilt. Es stellt sich dann die Frage, ob und wie diese Eigenschaft der Kopunktalität für jedes beliebige Dreieck – anders gesagt: Für ein *allgemeines* Dreieck – nachgewiesen werden kann. Zum Beweis können ganz unterschiedliche Methoden verwendet werden, wie am Beispiel des Schwerpunktes gezeigt werden soll.

3.2.1 Klassischer Beweis: Der Dialog

Wir stellen die Gedankengänge von Petra und Quasi einander gegenüber. Petra argumentiert so (Abb. 3.2.1):

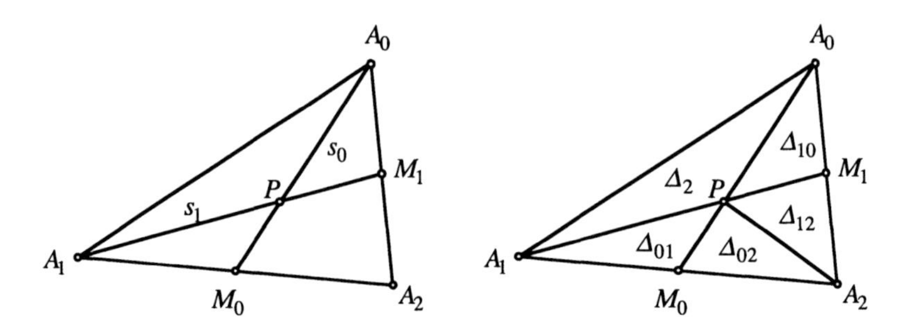

Abb. 3.2.1 Unterteilung

Im Dreieck $A_0A_1A_2$ schneiden wir die beiden Seitenhalbierenden s_0 und s_1 in P. Zusammen mit der Strecke $\overline{A_2P}$ entstehen so vier kleine Teildreiecke Δ_{01}, Δ_{02}, Δ_{12} und Δ_{10} sowie ein offenbar größeres Restdreieck Δ_2.

Die Teildreiecke Δ_{01} und Δ_{02} sind flächengleich, da sie mit $\overline{A_1M_0}$ beziehungsweise $\overline{M_0A_2}$ gleich lange Grundseiten sowie die gemeinsame von P ausgehende Höhe dazu haben. Analog (das Wort *analog* weist darauf hin, dass derselbe Gedankengang nochmals durchgespielt wird, aber mit einer anderen „Besetzung" der beteiligten Punkte, Geraden, Strecken und Dreiecke) folgt, dass die beiden Teildreiecke Δ_{12} und Δ_{10} flächengleich sind.

Nun ist aber einerseits $\Delta_{01}+\Delta_{02}+\Delta_{12}$ die halbe Dreiecksfläche (warum?); und andererseits ist $\Delta_{02}+\Delta_{12}+\Delta_{10}$ ebenfalls die halbe Dreiecksfläche. Durch Vergleich ergibt sich $\Delta_{01}=\Delta_{10}$, und damit sind alle vier kleinen Teildreiecke flächengleich. Δ_{12} ist also flächenmäßig ein Drittel des Dreieckes $A_1A_2M_1$. Weil es mit diesem Dreieck die von A_2 ausgehende Höhe gemeinsam hat, misst die Strecke $\overline{M_1P}$ ein Drittel der Strecke $\overline{M_1A_1}$. Analog zeigt Petra, dass auch die Strecke $\overline{M_0P}$ ein Drittel der Strecke $\overline{M_0A_0}$ misst. Soweit Petra.

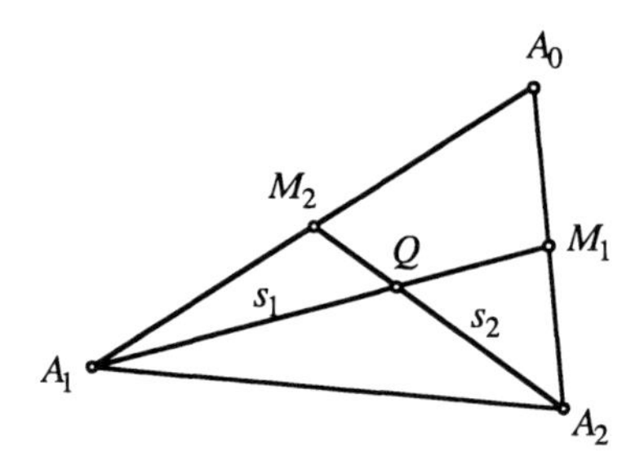

Abb. 3.2.2 Die Figur von Quasi

Quasi geht von einer anderen Grundfigur aus: Er schneidet die beiden Seitenhalbierenden s_1 und s_2 in Q (Abb. 3.2.2).

Seine Überlegungen, die analog verlaufen wie jene von Petra, führen zu folgenden Schlüssen: Die Strecke $\overline{M_1Q}$ misst ein Drittel der Strecke $\overline{M_1A_1}$, und die Strecke $\overline{M_2Q}$ misst ein Drittel der Strecke $\overline{M_2A_2}$.

Nun liegen zwei einander scheinbar widersprechende Aussagen vor: Petra findet, dass die Strecke $\overline{M_1P}$ ein Drittel der Strecke $\overline{M_1A_1}$ misst. Quasi dagegen findet, dass die Strecke $\overline{M_1Q}$ ein Drittel der Strecke $\overline{M_1A_1}$ misst. Da die beiden Punkte P und Q beide im Innern der Strecke $\overline{M_1A_1}$ liegen, kann der Widerspruch nur dadurch gelöst werden, dass P und Q ein und derselbe Punkt sind. Damit ist aber auch klar, dass alle drei Seitenhalbierenden durch diesen Punkt verlaufen.

3.2.2 Rechnerische Beweise

Die Geraden und deren Schnittpunkt werden mit Hilfe der Vektorgeometrie dargestellt. Wir bezeichnen mit $\vec{a}_i$ den Vektor vom Koordinatenursprung zum Punkt A_i und mit $\vec{m}_i$ den Vektor vom Koordinatenursprung zum Seitenmittelpunkt M_i. Dann gilt zunächst (die Indizes werden immer modulo 3 gerechnet):

$$\vec{m}_i = \tfrac{1}{2}\left(\vec{a}_{i+1} + \vec{a}_{i+2}\right)$$

Für die Seitenhalbierende s_i ergibt sich die Parameterdarstellung:

$$s_i: \quad \vec{x}_i(t_i) = \tfrac{1}{2}\left(\vec{a}_{i+1} + \vec{a}_{i+2}\right) + t_i\left(\vec{a}_i - \tfrac{1}{2}\left(\vec{a}_{i+1} + \vec{a}_{i+2}\right)\right)$$

Für $t_i = \frac{1}{3}$ folgt $\vec{x}_i\left(\frac{1}{3}\right) = \frac{1}{3}\left(\vec{a}_0 + \vec{a}_1 + \vec{a}_2\right)$. Dieses Resultat ist unabhängig vom Index i, das heißt, es verlaufen alle drei Seitenhalbierenden s_0, s_1 und s_2 durch diesen Punkt.

In unserer Rechnung haben wir heuristisch den Schwerpunkt beim Parameterwert $t_i = \frac{1}{3}$ vermutet (warum ist diese Vermutung sinnvoll?) und dann ein zyklisch symmetrisches Resultat erhalten, das heißt ein Resultat, das sich nicht ändert, wenn i durch $i+1$ oder durch $i+2$ ersetzt wird.

Wir haben in unseren Rechnungen die Eckpunkte des Dreieckes $A_0A_1A_2$ beliebig gewählt. Gelegentlich ist es aber auch sinnvoll, eine möglichst spezielle Wahl zu treffen. Da Schnittprobleme ähnlichkeitsinvariant sind, kann die Länge einer Dreiecksseite vorgegeben werden. Eine besonders spezielle Wahl der Eckpunktskoordinaten ist zum Beispiel $A_0(0,0)$, $A_1(1,0)$, $A_2(p,q)$ (Abb. 3.2.3). Die ganze Konfiguration hängt dann noch von den beiden Parametern p und q ab.

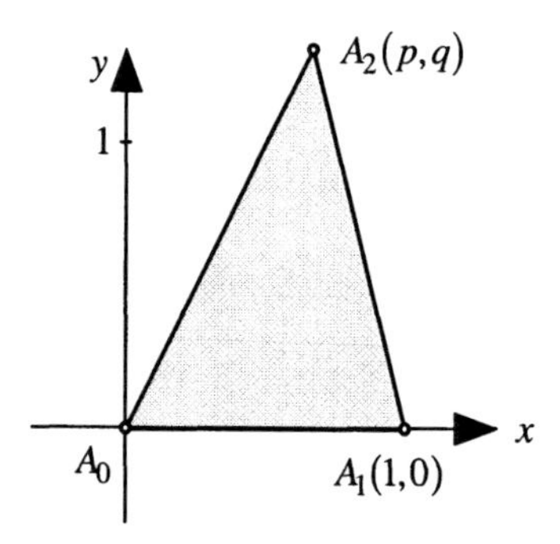

Abb. 3.2.3 Spezielle Wahl der Koordinaten

Damit können wir nun folgende „Revolverrechung“ durchführen: Für die Schwerlinien erhalten wir die folgenden expliziten Gleichungen:

$$s_0: \quad y = \frac{q}{1+p}x$$

$$s_1: \quad y = \frac{q}{p-2}x - \frac{q}{p-2}$$

$$s_2: \quad y = \frac{2q}{2p-1}x - \frac{q}{2p-1}$$

Für den Schnittpunkt von s_0 mit s_1 setzen wir $\frac{q}{1+p}x = \frac{q}{p-2}x - \frac{q}{p-2}$. Nach einiger Rechnung erhalten wir: $x = \frac{1+p}{3}$. Die Höhe q spielt für die x-Koordinate dieses Schnittpunktes offenbar keine Rolle. Um die y-Koordinate zu finden, setzen wir $x = \frac{1+p}{3}$ zum Beispiel in die Gleichung von s_0 ein und erhalten $y = \frac{q}{3}$. Der

Schnittpunkt von s_0 mit s_1 hat also die Koordinaten $\left(\frac{1+p}{3}, \frac{q}{3}\right)$. Wir können nun verifizieren, dass dieser Punkt auch auf der Schwerlinie s_2 liegt.

So oder so: Die algebraischen Rechnungen können recht aufwendig werden und sind praktisch oft nur mit einem Computer-Algebra-System (CAS) wie zum Beispiel *Maple* oder *Mathematica* oder *MuPAD (MATLAB)* zu bewältigen. Bei orthodoxen Geometern stellt sich dann sofort die Frage, ob ein solcher Computerbeweis noch ein „gültiger" Beweis sei. Etliche der 99 Schnittpunkte sind nur auf diese Weise bewiesen worden.

3.2.3 Dynamische Geometrie Software

Dynamische Geometrie Software (DGS) wie zum Beispiel *Cabri-géomètre, Cinderella, Euklid, GeoGebra, GEONExT* oder *Z-u-L* (*Zirkel und Lineal*) besitzt in der Regel einen *Zug-Modus*: In einer fertigen Konstruktion können die Ausgangsdaten, zum Beispiel die drei Eckpunkte eines der Konstruktion zugrunde liegenden Dreieckes, im Nachhinein durch Ziehen mit der Maus verändert werden (vgl. [Schumann 1990/91]). Ein allgemeingültiger Schnittpunkt dreier Geraden bleibt bei diesem Veränderungsprozess erhalten. Die Frage ist nun umgekehrt, ob die Invarianz eines (vermuteten) Schnittpunktes beim Zug-Prozess schon als „Beweis" gelten kann. Es können ja – wegen der Pixel-Rasterung – letztlich nur endlich viele Fälle betrachtet werden. Andererseits ist die Wahrscheinlichkeit, dass eine Schnittpunktseigenschaft dann doch nicht stimmen könnte, so klein, dass wir uns eine tolerantere Haltung gegenüber Zug-Modus-„Beweisen", letztlich ebenfalls Computerbeweisen, angewöhnen müssen. Gefährlich wird die Angelegenheit bei „Fast"-Schnittpunkten, wo drei Geraden zwar nicht kopunktal sind, aber während des ganzen Zug-Prozesses ein Dreieck bilden, das von einer Kreisscheibe mit konstantem („kleinem") Radius überdeckt werden kann. *Cabri-géomètre 1* besitzt zwar eine Vergrößerungs-Möglichkeit, aber diese ist nach oben beschränkt. Jedenfalls ist der Zug-Modus ein gutes interaktives Instrument zur Auffindung und ersten Kontrolle eines Schnittpunktes.

Dynamische Geometrie Software hat in der Regel auch eine Möglichkeit, die Inzidenz eines Punktes mit einer Geraden zu erfragen. Die Antwort basiert auf einem dahinter liegenden Computer-Algebra-System. Auch hier stellt sich natürlich die Frage um die Gültigkeit eines Computerbeweises.

3.2.4 Affine Invarianz

Geometrische Konstruktionen, welche nur auf Inzidenz, Parallelität und Teilverhältnissen (zum Beispiel „Mittelpunkt") basieren, sind gegenüber affinen Abbildungen invariant. Ein Beispiel dazu ist der Schnittpunkt der Seitenhalbierenden, also der Schwerpunkt. Da jedes beliebige Dreieck als affines Bild eines regelmäßigen Dreieckes interpretiert werden kann, genügt es in solchen Fällen, die Schnittpunktseigenschaft im regelmäßigen Dreieck zu beweisen, wo der Beweis oft recht einfach ist (vgl. Abb. 3.2.4).

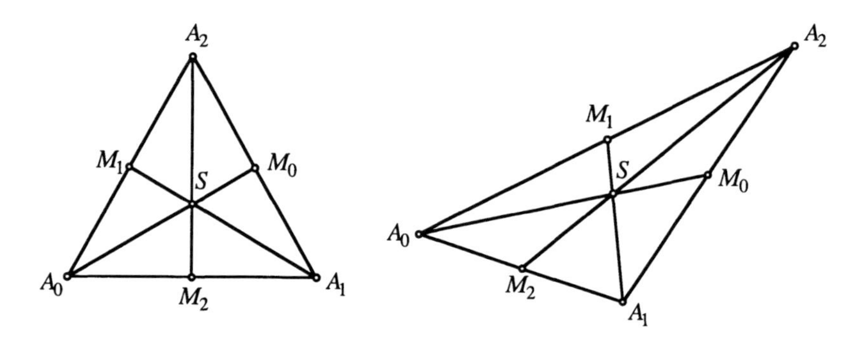

Abb. 3.2.4 Dreieck als affines Bild eines regelmäßigen Dreieckes

Dieses Verfahren funktioniert nicht, sobald rechte Winkel oder Winkelhalbierende im Spiel sind, also beim Höhenschnittpunkt, beim Umkreismittelpunkt und beim Inkreismittelpunkt.

3.2.5 Parkettbeweis

Wir unterteilen das Dreieck in $6^2 = 36$ zueinander kongruente und zum Dreieck ähnliche Dreiecke (Abb. 3.2.5).

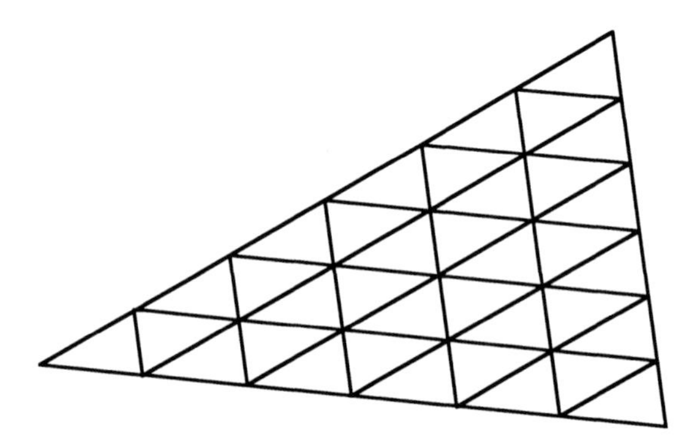

Abb. 3.2.5 Parkettierung des Dreieckes

Durch geeignete Färbung oder Markierung der Parkettsteine „sehen“ wir die einzelnen Seitenhalbierenden und den gemeinsamen Schnittpunkt, welcher die Seitenhalbierenden drittelt (Abb. 3.2.6).

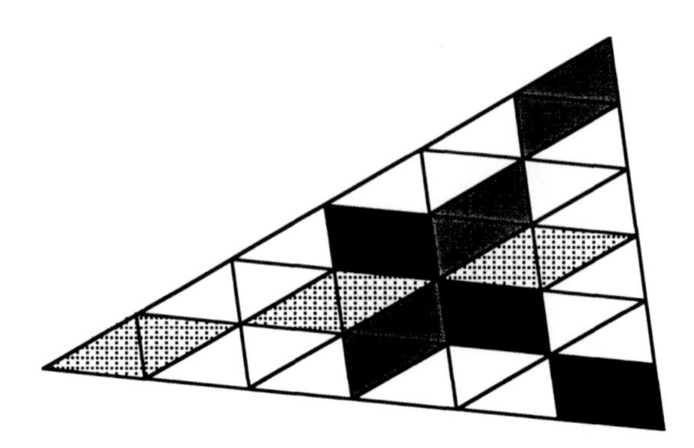

Abb. 3.2.6 Beweis ohne Worte

3.3 Zentrische Streckung

Zwei Figuren, die durch eine zentrische Streckung aufeinander abgebildet werden können, heißen *perspektivähnlich* (Abb. 3.3.1). Perspektivähnliche Figuren sind ähnlich, zudem sind entsprechende Geraden zueinander parallel.

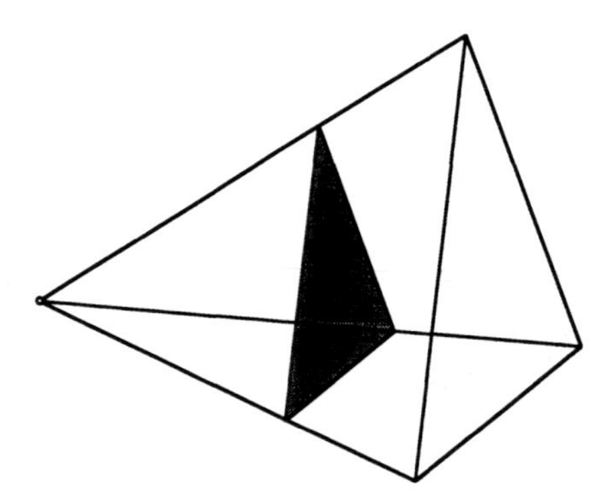

Abb. 3.3.1 Perspektivähnlichkeit

Das heißt aber umgekehrt, dass die Verbindungsgeraden entsprechender Punkte zweier perspektivähnlicher Dreiecke kopunktal sind; sie schneiden sich im Streckungszentrum. Das einfachste Beispiel liefert wiederum der Schwerpunkt: Die beiden Dreiecke $A_0A_1A_2$ und $M_0M_1M_2$ sind perspektivähnlich (Abb. 3.3.2).

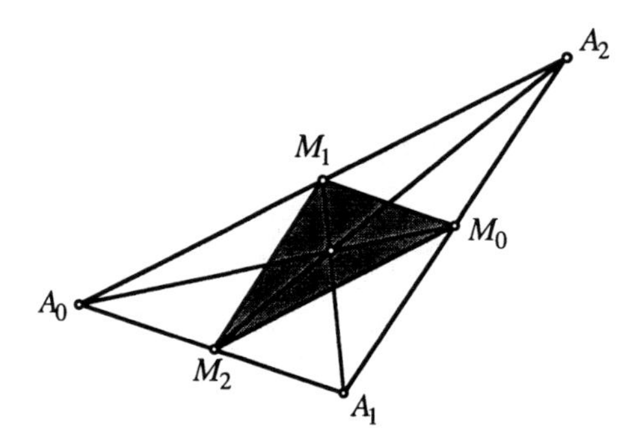

Abb. 3.3.2 Perspektivähnlichkeit beim Schwerpunkt

Als weiteres Beispiel gehen wir von einem „Rundweg“ im Dreieck aus, der bei einem beliebigen Punkt auf einer Dreiecksseite beginnt und aus Parallelen zu den Dreiecksseiten besteht. Der Weg schließt sich nach sechs Schritten (Abb. 3.3.3) zu einem Rundweg (vgl. [Kroll 1990]) und zerlegt das Ausgangsdreieck in mehrere Teilstücke.

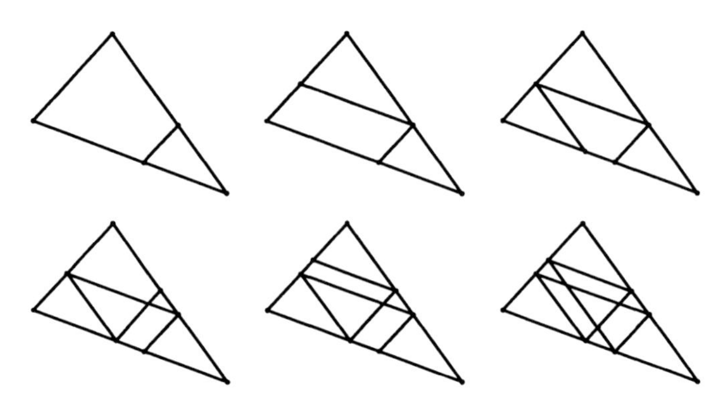

Abb. 3.3.3 Rundweg in sechs Schritten

Die drei Mittelpunkte der in den äußersten Teildreiecken (Abb. 3.3.4) eingezeichneten Inkreise bilden ein Dreieck, das zum Ausgangsdreieck perspektivähnlich ist.

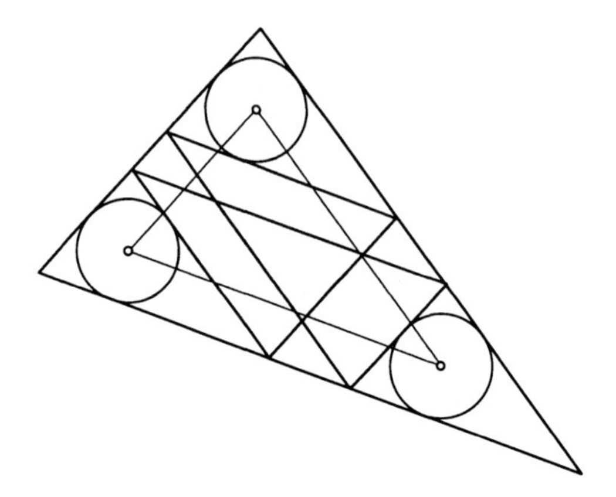

Abb. 3.3.4 Perspektivähnliches Dreieck

Dasselbe gilt aber auch für das durch die Mittelpunkte der drei in der Abbildung 3.3.5 zusätzlich eingezeichneten Inkreise gebildete Dreieck. Die Verbindungsgeraden entsprechender Punkte sind daher kopunktal (Schnittpunkt 18). Es liegt auf der Hand, dass sich auf diese Weise viele weitere Schnittpunkte finden und beweisen lassen (vgl. Schnittpunkte 16, 17, 19, 20, 21, 27, 52, 53, 56).

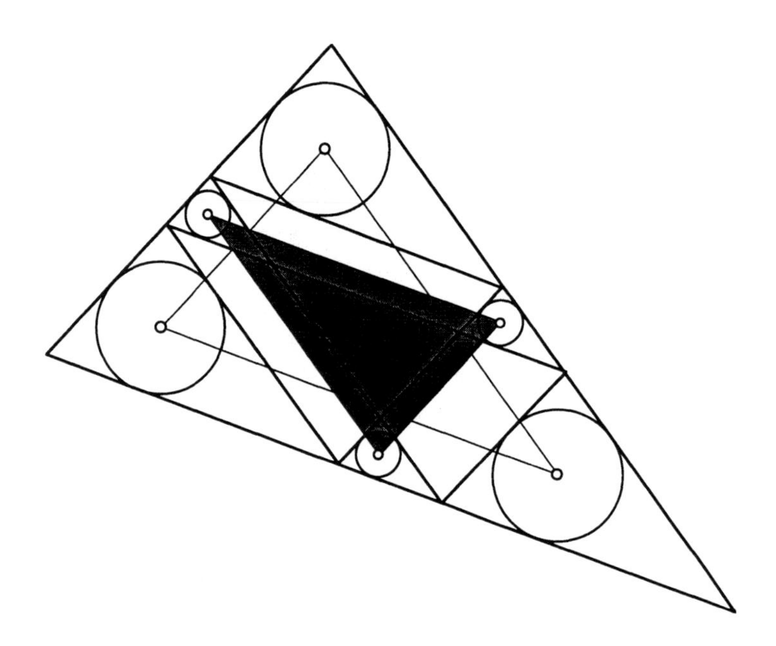

Abb. 3.3.5 Ein weiteres perspektivähnliches Dreieck

3.4 Der Satz von Ceva

3.4.1 Giovanni Ceva

Der Satz von *Ceva* ist ein sehr effizientes Hilfsmittel zum Beweis von Schnittpunkten. Er ist auch aus historischer Sicht recht interessant: Er ist der erste Satz der Elementargeometrie, der nicht schon in der griechischen Geometrie bekannt war. Giovanni Ceva (1647 - 1734) lebte in Mantua und publizierte 1678 in Mailand die Schrift *De lineis rectis se invicem secantibus, statica constructio.* Ceva argumentierte in seinen Überlegungen mit an den Eckpunkten eines Dreieckes angebrachten Gewichten ungleicher Größe und fragte nach deren Schwerpunkt (vgl. [Chasles 1968]). Der übliche Schwerpunkt eines Dreieckes erscheint in diesen Überlegungen als Sonderfall für die gleichmäßige Gewichtsverteilung 1:1:1. Der Satz von Ceva besagt folgendes (Abb. 3.4.1):

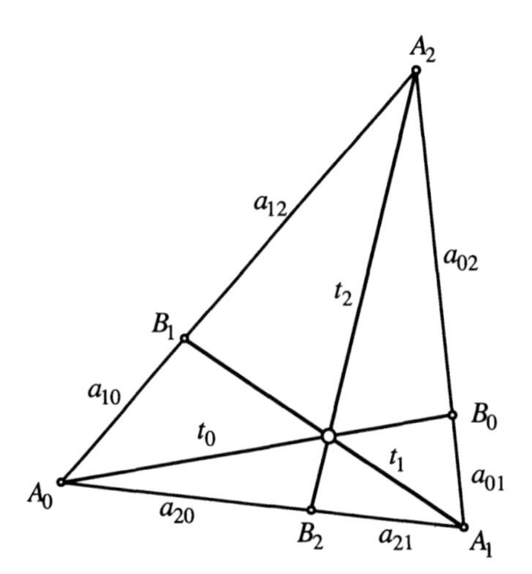

Abb. 3.4.1 Der Satz von Ceva

Drei Eckpunktstransversalen t_0, t_1 und t_2 sind genau dann kopunktal, wenn für die jeweils auf der Gegenseite gebildeten Abschnittsverhältnisse gilt:

$$\frac{a_{01}}{a_{02}}\frac{a_{12}}{a_{10}}\frac{a_{20}}{a_{21}}=1$$

Bemerkung: Sehr oft werden die im Satz von Ceva verwendeten Teilverhältnisse $\frac{a_{i,i+1}}{a_{i,i+2}}$ mit einem Vorzeichen definiert, das genau dann negativ ist, wenn sich der Teilpunkt B_i im Innern der Strecke $\overline{A_{i+1}A_{i+2}}$ befindet. In dieser Notation muss das Produkt der drei Teilverhältnisse -1 sein. Ist das Produkt $+1$, so liegen die drei Punkte B_0, B_1 und B_2 auf einer Geraden (Satz von Menelaos). Der Satz von Ceva gilt auch dann, wenn der gemeinsame Punkt der drei Ecktransversalen außerhalb des Dreieckes liegt. Die im Satz von Ceva vorkommenden Begriffe und Teilverhältnisse sind affin invariant.

Für den Beweis des Satzes von Ceva gehen wir von drei kopunktalen Ecktransversalen aus und verwenden Flächenverhältnisse von Teildreiecken (Abb. 3.4.2).

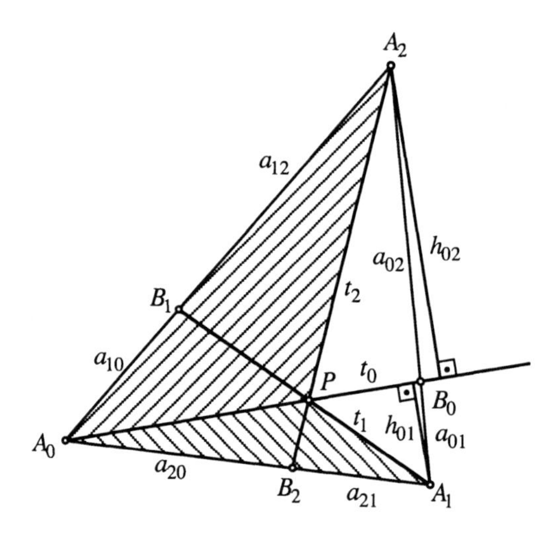

Abb. 3.4.2 Flächenverhältnis von Teildreiecken

Die beiden Dreiecke A_0A_1P und A_0A_2P haben eine gemeinsame Seite $\overline{PA_0}$. Ihre Flächen verhalten sich also wie die zugehörigen Höhen h_{01} und h_{02}. Aufgrund der Strahlensätze verhalten sich diese beiden Höhen h_{01} und h_{02} wie die Abschnitte a_{01} und a_{02}. Somit gilt, wenn A den Flächeninhalt bezeichnet:

$$\frac{a_{01}}{a_{02}} = \frac{A_{\Delta A_0 A_1 P}}{A_{\Delta A_0 A_2 P}}$$

Analog gilt:

$$\frac{a_{12}}{a_{10}} = \frac{A_{\Delta A_1 A_2 P}}{A_{\Delta A_1 A_0 P}} \quad \text{und} \quad \frac{a_{20}}{a_{21}} = \frac{A_{\Delta A_2 A_0 P}}{A_{\Delta A_2 A_1 P}}$$

Daraus ergibt sich:

$$\frac{a_{01}}{a_{02}} \frac{a_{12}}{a_{10}} \frac{a_{20}}{a_{21}} = 1$$

Für drei Ecktransversalen, welche nicht kopunktal sind (Abb. 3.4.3), verwenden wir zunächst den Schnittpunkt von zwei der drei Ecktransversalen, zum Beispiel P_{01} als Schnittpunkt von t_0 und t_1.

Es sei dann t_2^* die Transversale durch A_2 und P_{01}. Somit gilt:

$$\frac{a_{01}}{a_{02}} \frac{a_{12}}{a_{10}} \frac{a_{20}^*}{a_{21}^*} = 1$$

Wegen $a_{20} < a_{20}^*$ und $a_{21} > a_{21}^*$ (oder allenfalls umgekehrt, also $a_{20} > a_{20}^*$ und $a_{21} < a_{21}^*$) ist $\frac{a_{20}^*}{a_{21}^*} \neq \frac{a_{20}}{a_{21}}$ und damit $\frac{a_{01}}{a_{02}} \frac{a_{12}}{a_{10}} \frac{a_{20}}{a_{21}} \neq 1$. Damit ist der Satz von Ceva bewiesen.

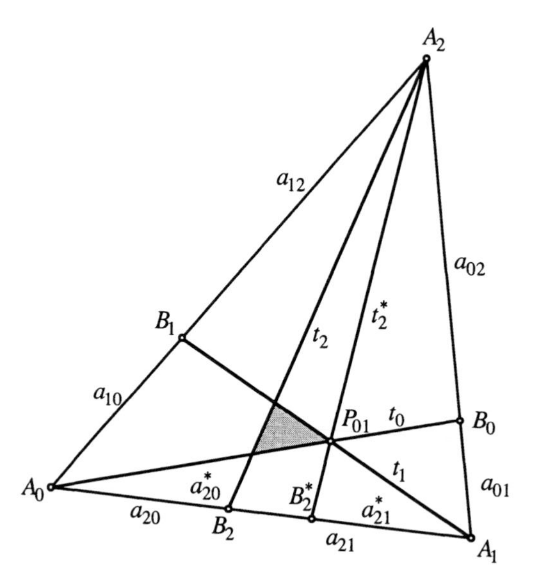

Abb. 3.4.3 Nicht kopunktale Ecktransversalen

3.4.2 Beispiele

3.4.2.1 Der Schwerpunkt

Die Punkte B_i sind die Mittelpunkte der Strecken $\overline{A_{i+1}A_{i+2}}$. Daher ist $\frac{a_{01}}{a_{02}} = 1$, $\frac{a_{12}}{a_{10}} = 1$ und $\frac{a_{20}}{a_{21}} = 1$, woraus unmittelbar $\frac{a_{01}}{a_{02}}\frac{a_{12}}{a_{10}}\frac{a_{20}}{a_{21}} = 1$ folgt.

3.4.2.2 Der Höhenschnittpunkt

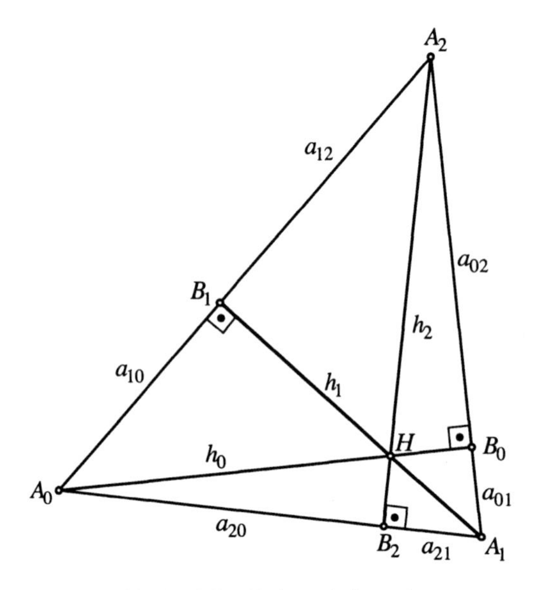

Abb. 3.4.4 Der Höhenschnittpunkt

Aus $A := A_{\Delta A_0 A_1 A_2} = \frac{1}{2} h_0 a_0$ folgt $h_0 = \frac{2A}{a_0}$.

Nach dem Satz des Pythagoras gilt dann:

$$\frac{a_{01}}{a_{02}} = \frac{\sqrt{a_2^2 - h_0^2}}{\sqrt{a_1^2 - h_0^2}} = \frac{\sqrt{a_2^2 - \left(\frac{2A}{a_0}\right)^2}}{\sqrt{a_1^2 - \left(\frac{2A}{a_0}\right)^2}} = \frac{\sqrt{a_0^2 a_2^2 - 4A^2}}{\sqrt{a_0^2 a_1^2 - 4A^2}}$$

Analog folgt:

$$\frac{a_{12}}{a_{10}} = \frac{\sqrt{a_1^2 a_0^2 - 4A^2}}{\sqrt{a_1^2 a_2^2 - 4A^2}} \quad \text{und} \quad \frac{a_{20}}{a_{21}} = \frac{\sqrt{a_2^2 a_1^2 - 4A^2}}{\sqrt{a_2^2 a_0^2 - 4A^2}}$$

Daraus folgt $\frac{a_{01}}{a_{02}}\frac{a_{12}}{a_{10}}\frac{a_{20}}{a_{21}}=1$, womit die Existenz des Höhenschnittpunktes gesichert ist.

Bemerkung: Die Existenz des Höhenschnittpunktes lässt sich auch ohne den Satz von Ceva beweisen. Der Höhenschnittpunkt des Dreieckes $A_0A_1A_2$ ist nämlich der Mittelsenkrechtenschnittpunkt des zum Dreieck $A_0A_1A_2$ ähnlichen, aber längenmäßig doppelt so großen Dreieckes $D_0D_1D_2$ (Abb. 3.4.5).

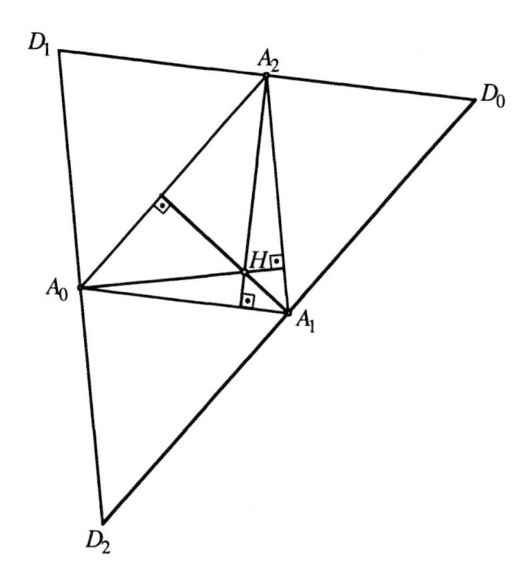

Abb. 3.4.5 Höhenschnittpunkt als Mittelsenkrechtenschnittpunkt

3.4.3 Die Winkelversion des Satzes von Ceva

Statt mit den Streckenabschnitten auf der gegenüberliegenden Dreiecksseite kann auch mit den Abschnitten der Dreieckswinkel (Abb. 3.4.6) gerechnet werden.

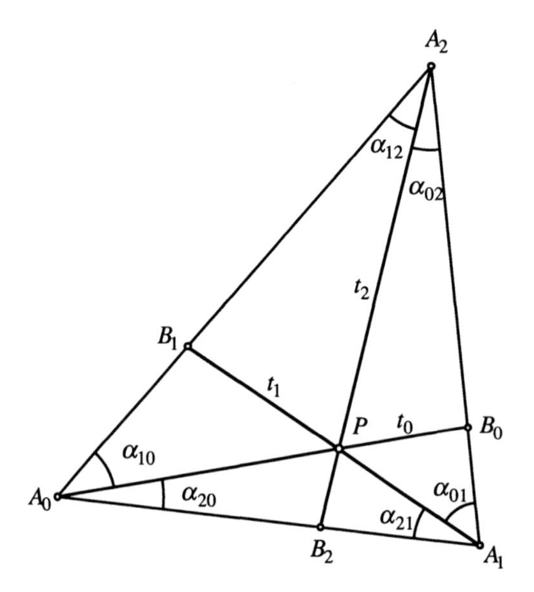

Abb. 3.4.6 Winkelabschnitte

Für die folgenden Überlegungen sei p_i die Länge der Strecke $\overline{A_iP}$ und l_i die Länge des Lotes von P auf die Seite $a_i = \overline{A_{i+1}A_{i+2}}$ (Abb. 3.4.7).

Mit diesen Bezeichnungen gilt

$$l_0 = p_1 \sin(\alpha_{01}) = p_2 \sin(\alpha_{02}),$$

also ist

$$\frac{\sin(\alpha_{01})}{\sin(\alpha_{02})} = \frac{p_2}{p_1}.$$

Analog findet sich:

$$\frac{\sin(\alpha_{12})}{\sin(\alpha_{10})} = \frac{p_0}{p_2} \quad \text{und} \quad \frac{\sin(\alpha_{20})}{\sin(\alpha_{21})} = \frac{p_1}{p_0}$$

Daraus ergibt sich die Winkelversion des Satzes von Ceva:

$$\frac{\sin(\alpha_{01})}{\sin(\alpha_{02})}\frac{\sin(\alpha_{12})}{\sin(\alpha_{10})}\frac{\sin(\alpha_{20})}{\sin(\alpha_{21})}=1$$

Daraus folgt zum Beispiel sofort die Existenz des Winkelhalbierendenschnittpunktes, da in diesem Falle $\alpha_{10}=\alpha_{20}$, $\alpha_{21}=\alpha_{01}$ und $\alpha_{02}=\alpha_{12}$ gilt.

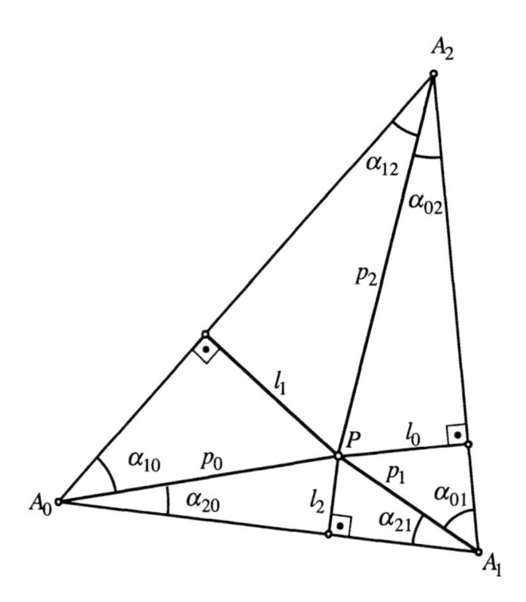

Abb. 3.4.7 Bezeichnungen

3.4.4 Verallgemeinerung der Winkelversion

3.4.4.1 Allgemeine *n*-Ecke

Die Winkelversion des Satzes von Ceva gilt – allerdings nur in der einen Richtung – auch für allgemeine *n*-Ecke $A_0A_1\ldots A_{n-1}, n\geq 3$.

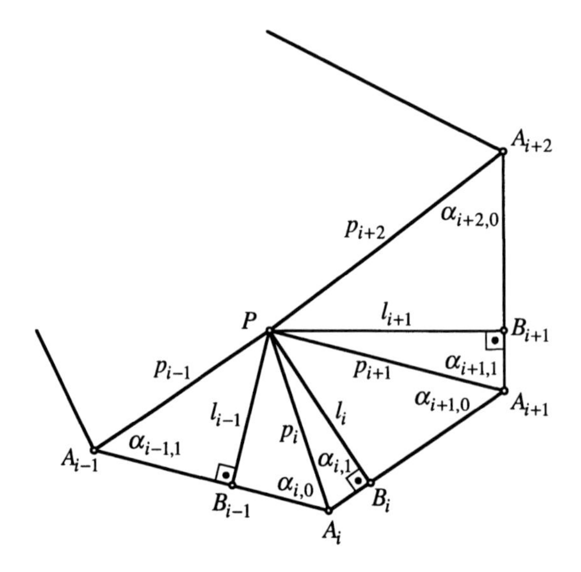

Abb. 3.4.8 Bezeichnungen im n-Eck

Mit den Bezeichnungen der Abbildung 3.4.8 ist:

$$l_i = p_i \sin\left(\alpha_{i,1}\right) = p_{i+1} \sin\left(\alpha_{i+1,0}\right)$$

$$\frac{\sin\left(\alpha_{i,1}\right)}{\sin\left(\alpha_{i+1,0}\right)} = \frac{p_{i+1}}{p_i}$$

Somit ist:

$$\prod_{i=0}^{n-1} \frac{\sin\left(\alpha_{i,1}\right)}{\sin\left(\alpha_{i+1,0}\right)} = \prod_{i=0}^{n-1} \frac{p_{i+1}}{p_i} = 1$$

Die Umkehrung gilt allerdings nicht, wie schon das Beispiel der Winkelhalbierenden im Rechteck zeigt.

3.4.4.2 Sphärische Dreiecke

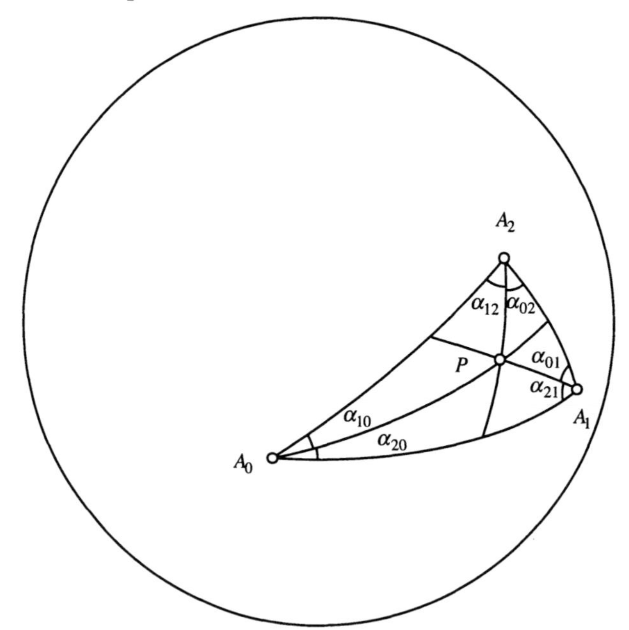

Abb. 3.4.9 Sphärisches Dreieck auf einer Kugel

In der sphärischen Geometrie spielen Großkreise die Rolle von Geraden; ein sphärisches Dreieck ist also von drei Großkreisbogen berandet. Drei Eckpunktstransversalen, die jetzt auch Großkreisbogen sind, sind genau dann kopunktal, wenn

$$\frac{\sin(\alpha_{01})}{\sin(\alpha_{02})}\frac{\sin(\alpha_{12})}{\sin(\alpha_{10})}\frac{\sin(\alpha_{20})}{\sin(\alpha_{21})}=1\,.$$

Für den Beweis arbeitet man am besten mit den Ebenen, die durch die Großkreise definiert sind und verwendet deren Normalvektoren. Die in der Abbildung 3.4.9 notierten Winkel sind dann auch Winkel zwischen solchen Normalvektoren, und die Kopunktalität bedeutet, dass die drei Transversalebenen eine gemeinsame Schnittgerade haben. Dann liegen aber ihre Normalvektoren in einer Ebene, und ihre Determinante verschwindet.

3.5 Der Satz von Jacobi

3.5.1 Ein allgemeiner Schnittpunktsatz

Wir beweisen zunächst einen etwas allgemeineren Satz, aus dem der Satz von Jacobi als Sonderfall folgt (vgl. [Walser 1991]). Über den Seiten $A_{i+1}A_{i+2}$, $i \in \{0,1,2\}$, eines Dreieckes $A_0A_1A_2$ werden die Dreiecke $C_iA_{i+1}A_{i+2}$ und $D_iA_{i+1}A_{i+2}$ mit den Winkeln $\sphericalangle C_{i-1}A_iA_{i+1} = \sphericalangle C_{i+1}A_iA_{i-1} = \gamma_i$ und $\sphericalangle D_{i-1}A_iA_{i+1} = \sphericalangle D_{i+1}A_iA_{i-1} = \delta_i$ gezeichnet (Abb. 3.5.1).

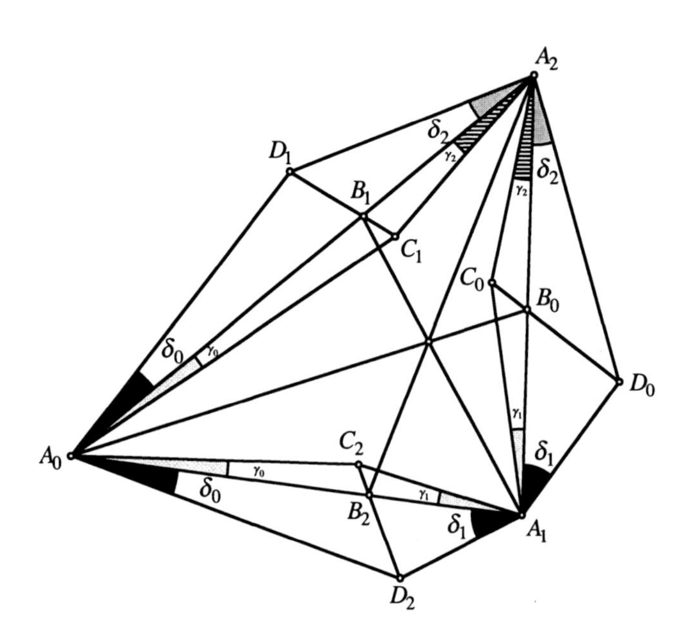

Abb. 3.5.1 Ausgangsfigur

Für jedes $i \in \{0,1,2\}$ kommen also die Winkel γ_i und δ_i zweimal vor und haben den gemeinsamen Scheitelpunkt A_i. Ferner sei B_i der Schnittpunkt der Geraden C_iD_i mit der Dreiecksseite $A_{i+1}A_{i+2}$. Dann gilt: Die drei Eckpunktstransversalen A_iB_i sind kopunktal.

Zum Beweis machen wir zunächst einen so genannten „Vorwärtseinschnitt" in den beiden Dreiecken $A_1A_2C_0$ und $A_1A_2D_0$ mit der gemeinsamen Grundseite $a_0 = \overline{A_1A_2}$ (Abb. 3.5.2).

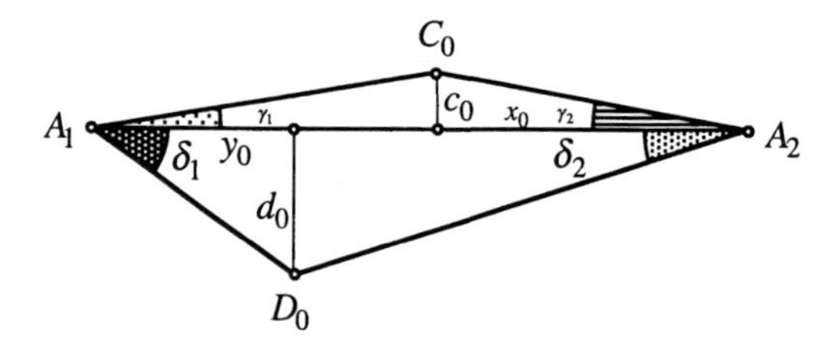

Abb. 3.5.2 Vorwärtseinschnitt

Aus $c_0 = x_0 \tan(\gamma_2) = (a_0 - x_0)\tan(\gamma_1)$ folgt:

$$x_0 = \frac{a_0 \tan(\gamma_1)}{\tan(\gamma_1) + \tan(\gamma_2)} \quad \text{und} \quad c_0 = \frac{a_0 \tan(\gamma_1)\tan(\gamma_2)}{\tan(\gamma_1) + \tan(\gamma_2)}$$

Analog ergibt sich:

$$y_0 = \frac{a_0 \tan(\delta_2)}{\tan(\delta_1) + \tan(\delta_2)} \quad \text{und} \quad d_0 = \frac{a_0 \tan(\delta_1)\tan(\delta_2)}{\tan(\delta_1) + \tan(\delta_2)}$$

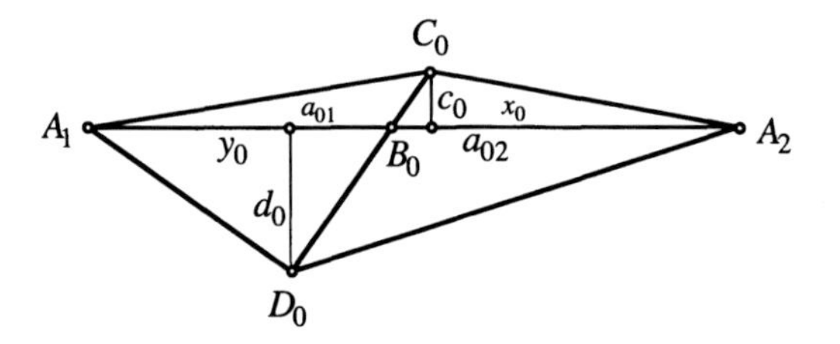

Abb. 3.5.3 Teilverhältnis

Für das Teilverhältnis $\frac{a_{01}}{a_{02}}$ erhalten wir zunächst:

$$\frac{a_{01}}{a_{02}} = \frac{a_0 d_0 - x_0 d_0 + y_0 c_0}{a_0 c_0 + x_0 d_0 - y_0 c_0}$$

Setzen wir die oben berechneten Ausdrücke für x_0, c_0, y_0 und d_0 ein, so ergibt sich:

$$\frac{a_{01}}{a_{02}} = \frac{\tan(\gamma_2)\tan(\delta_2)\left(\tan(\gamma_1)+\tan(\delta_1)\right)}{\tan(\gamma_1)\tan(\delta_1)\left(\tan(\gamma_2)+\tan(\delta_2)\right)}$$

Analog gilt:

$$\frac{a_{12}}{a_{10}} = \frac{\tan(\gamma_0)\tan(\delta_0)\left(\tan(\gamma_2)+\tan(\delta_2)\right)}{\tan(\gamma_2)\tan(\delta_2)\left(\tan(\gamma_0)+\tan(\delta_0)\right)}$$

$$\frac{a_{20}}{a_{21}} = \frac{\tan(\gamma_1)\tan(\delta_1)\left(\tan(\gamma_0)+\tan(\delta_0)\right)}{\tan(\gamma_0)\tan(\delta_0)\left(\tan(\gamma_1)+\tan(\delta_1)\right)}$$

Damit wird $\frac{a_{01}}{a_{02}}\frac{a_{12}}{a_{10}}\frac{a_{20}}{a_{21}} = 1$, und aus dem Satz von Ceva folgt die Kopunktalität der drei Geraden $A_i B_i$.

Beispiele:

1. Wenn wir alle sechs Winkel γ_i und δ_i, $i \in \{0,1,2\}$, gleich groß wählen, ergibt sich der Schwerpunkt.

2. Falls für $i \in \{0,1,2\}$ jeweils $\gamma_i = \delta_i = \alpha_i$ gewählt wird, ergibt sich der Höhenschnittpunkt.

3.5.2 Der Satz von Jacobi als Sonderfall

Wählen wir speziell $\gamma_i = \alpha_i$, $i \in \{0,1,2\}$, so wird $C_i = A_i$, und wir erhalten den Satz von *Jacobi* (Carl Friedrich Andreas Jacobi, 1795 - 1855) (Abb. 3.5.4): Werden über den Seiten $A_{i+1}A_{i+2}$, $i \in \{0,1,2\}$, eines Dreieckes $A_0A_1A_2$ die Dreiecke $D_iA_{i+1}A_{i+2}$ mit den Winkeln $\sphericalangle D_{i-1}A_iA_{i+1} = \sphericalangle D_{i+1}A_iA_{i-1} = \delta_i$ gezeichnet, so sind die drei Eckpunktstransversalen A_iD_i kopunktal.

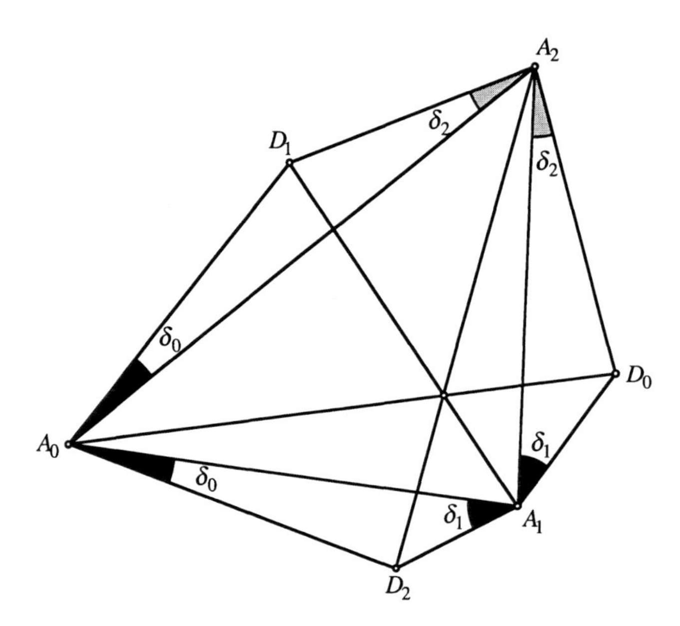

Abb. 3.5.4 Der Satz von Jacobi

3.5.3 Die Kiepertsche Hyperbel

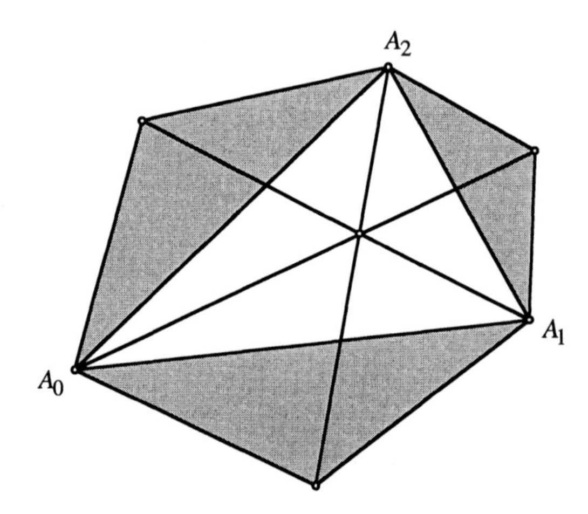

Abb. 3.5.5 Aufgesetzte ähnliche gleichschenklige Dreiecke

Wenn wir im Satz von Jacobi die drei Winkel δ_i alle gleich groß wählen, also $\delta_0 = \delta_1 = \delta_2 = \delta$, so entsteht eine Schnittpunktfigur mit drei zueinander ähnlichen gleichschenkligen Dreiecken, die mit ihrer Basis auf die Seiten des Dreieckes $A_0A_1A_2$ aufgesetzt sind (Abb. 3.5.5).

Diese Idee führt zum Schnittpunkt 65.

Für $\delta = \frac{\pi}{3}$ sind die gleichschenkligen Dreiecke sogar gleichseitig; wir erhalten den so genannten *Fermat*-Punkt F als Schnittpunkt (Abb. 3.5.6).

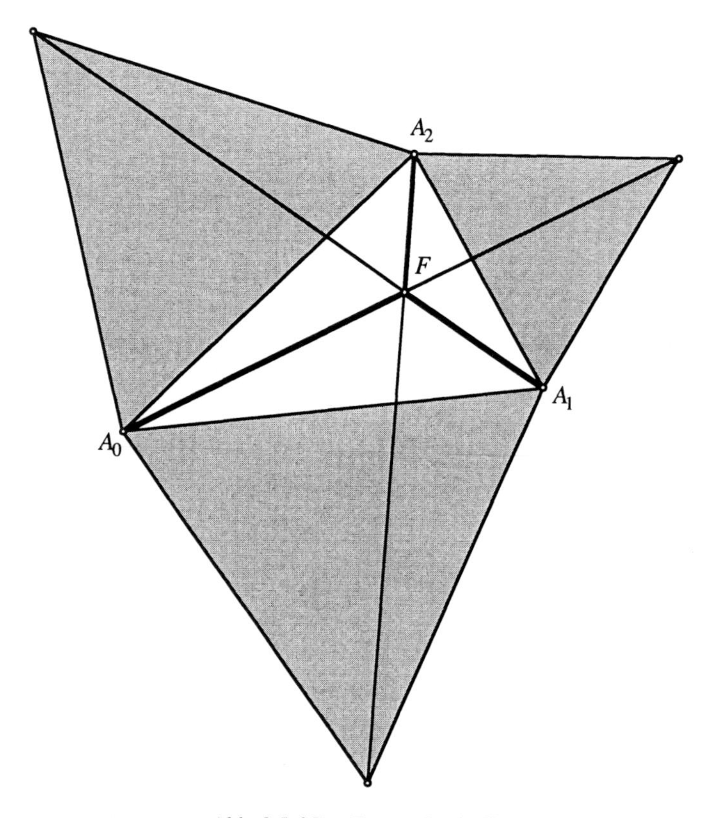

Abb. 3.5.6 Der Fermat-Punkt F

Der Fermat-Punkt F hat die Eigenschaft, dass (sofern keiner der drei Dreieckswinkel größer als $\frac{2\pi}{3}$ ist) das aus den Strecken $\overline{A_0F}$, $\overline{A_1F}$ und $\overline{A_2F}$ gebildete Wegenetz im Vergleich zu allen anderen Wegenetzen, welche die drei Eckpunkte des Dreieckes verbinden, minimale Gesamtlänge hat (vgl. [Coxeter 1963], S. 38f.). Es ist zudem so, dass sich die drei Eckpunktstransversalen in diesem Fall unter drei gleichen Winkeln von $\frac{2\pi}{3}$ schneiden.

Für $\delta \to 0$ ergibt sich der Schwerpunkt und für $\delta \to \frac{\pi}{2}$ der Höhenschnittpunkt.

Für $\delta \in [0, 2\pi]$ beschreibt der Schnittpunkt eine Hyperbel (Abb. 3.5.7).

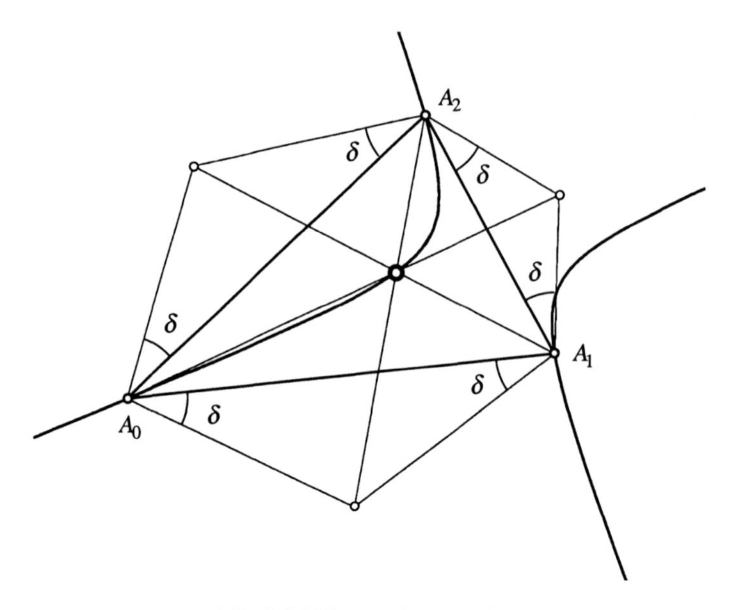

Abb. 3.5.7 Kiepertsche Hyperbel

Diese Hyperbel wird nach Wilhelm August Ludwig Kiepert (1846 - 1934) benannt (vgl. [Eddy/Fritsch 1994]). Die Hyperbel ist gleichseitig, verläuft durch den Schwerpunkt, den Höhenschnittpunkt und den Fermat-Punkt sowie durch die drei Eckpunkte des Dreieckes. Sie enthält die längenmäßig mittlere der drei Dreiecksseiten als Sehne eines Hyperbelastes.

3.6 Die Eulersche Gerade

Die Eulersche Gerade kann auf einheitliche Weise durch Schnittpunkte dreier Geraden im Dreieck generiert werden. Insbesondere erscheinen der Höhenschnittpunkt H, der Schwerpunkt S und der Umkreismittelpunkt U als Sonderfälle unter diesem einheitlichen Aspekt.

Leonhard Euler, 1707 – 1783. Zeichnung Bigna Steiner.
Abbildung aus [Walser 2009], S. 86

3.6.1 Was ist die Eulersche Gerade

In einem beliebigen, nicht gleichschenkligen Dreieck $A_0A_1A_2$ liegen der Höhenschnittpunkt H, der Schwerpunkt S, der Umkreismittelpunkt U und das Zentrum N des Feuerbachschen Neunpunkte-Kreises auf einer Geraden, der Eulerschen Geraden e. Dabei ist N der Mittelpunkt der Strecke HU, und S drittelt diese Strecke (Abb. 3.6.1) (vgl. [Coxeter/Greitzer 1983], S. 23-27).

Weitere spezielle Punkte, insbesondere der Inkreismittelpunkt oder der Fermat-Punkt, liegen allerdings nicht auf der Eulerschen Geraden.

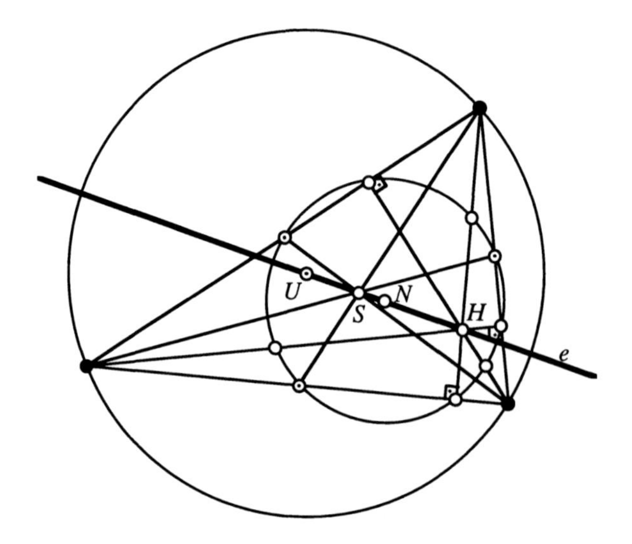

Abb. 3.6.1 Die Eulersche Gerade

3.6.2 Ein Parkettbeweis für die Eulersche Gerade

Wir beweisen zunächst, dass die drei Punkte *H, S* und *U* auf einer Geraden liegen. Da *S* jede Schwerlinie drittelt, können wir parallel zu einer Höhe drei gleich breite Streifen gemäß Abbildung 3.6.2 legen, so dass die drei Punkte *H, S* und *U* auf den Rändern dieser Streifen liegen.

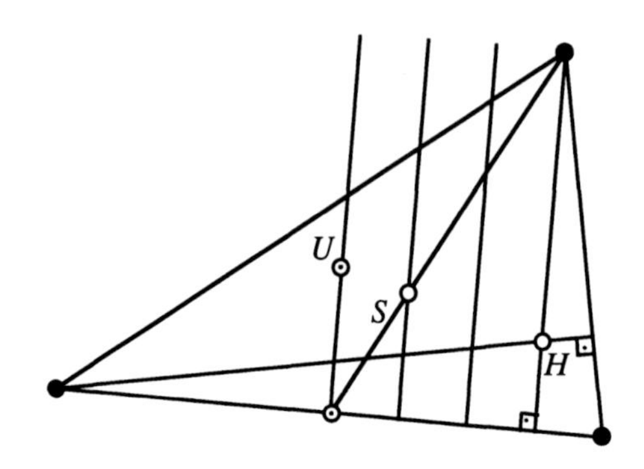

Abb. 3.6.2 Die drei Streifen

Nun zeichnen wir auch noch die entsprechenden drei Streifen parallel zu einer anderen Höhe ein (Abb. 3.6.3). Dadurch erhalten wir ein Parkett von kongruenten Parallelogrammen und sehen sofort, dass die drei Punkte *H, S* und *U* auf einer Geraden liegen (vgl. [Walser 2007]).

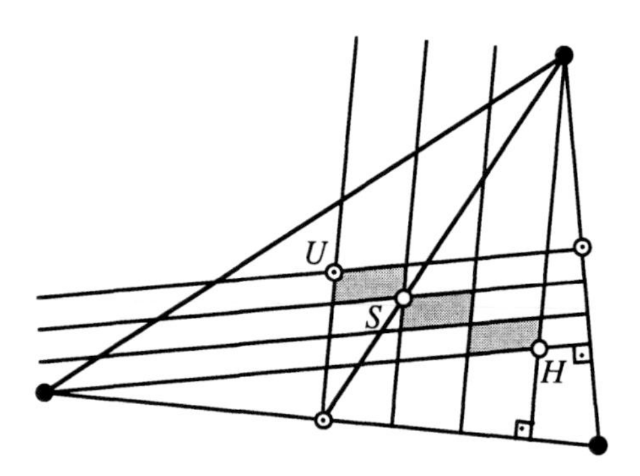

Abb. 3.6.3 Beweis ohne Worte

Euler selber hat den geometrischen Sachverhalt - eher beiläufig - bei der mühsamen algebraischen Bestimmung der Lage der besonderen Punkte im Dreieck bemerkt. Die Originalarbeit [Euler 1767] mit dem Titel *Solutio facilis problematum quorundam geometricorum difficillimorum* findet sich als Facsimile in [Euler 1767 Faksimile].

Da der Feuerbachsche Neunpunkte-Kreis durch die Seitenmitten des Dreieckes und durch die Fußpunkte der Höhen verläuft, liegt sein Zentrum *N* aus Symmetriegründen jeweils auf der Mittelparallele des mittleren Streifens. Daher ist *N* Mittelpunkt der Strecke *HU*.

3.6.3 Jeder Punkt der Eulerschen Geraden ist ein Schnittpunkt

Jeder Punkt der Eulerschen Geraden kann aber auf einheitliche Weise als „Schnittpunkt" interpretiert werden. Das geht folgendermaßen: Durch Spiegelung des Umkreismittelpunktes U am Mittelpunkt M_j der Dreiecksseite $A_{j+1}A_{j+2}$

(Nummerierung modulo 3) erhalten wir den Punkt U_j. Ferner sei $B_j(\lambda)$ das Bild von U_j bei der Streckung $\sigma_{H,\lambda}$ mit Zentrum *H* und beliebigem Streckfaktor λ, also:

$$B_j(\lambda) = \sigma_{H,\lambda}(U_j)$$

Dann gilt: Die drei Geraden $A_0B_0(\lambda)$, $A_1B_1(\lambda)$ und $A_2B_2(\lambda)$ schneiden sich entweder in einem Punkt, und dieser Punkt liegt auf der Eulerschen Geraden *e* (Abb. 3.6.4 für $\lambda = 1.5$), oder sie sind (falls $\lambda = -1$) zu *e* parallel. Umgekehrt gibt es zu jedem Punkt auf der Eulerschen Geraden *e* einen passenden Parameterwert $\lambda \in \mathbb{R} \cup \{\infty\}$. Speziell erhalten wir für $\lambda = 0$ den Höhenschnittpunkt *H*, für $\lambda = 1$ das Zentrum *N* des Feuerbachschen Neunpunkte-Kreises, für $\lambda = 2$ den Schwerpunkt *S* und für $\lambda = \infty$ den Umkreismittelpunkt *U*.

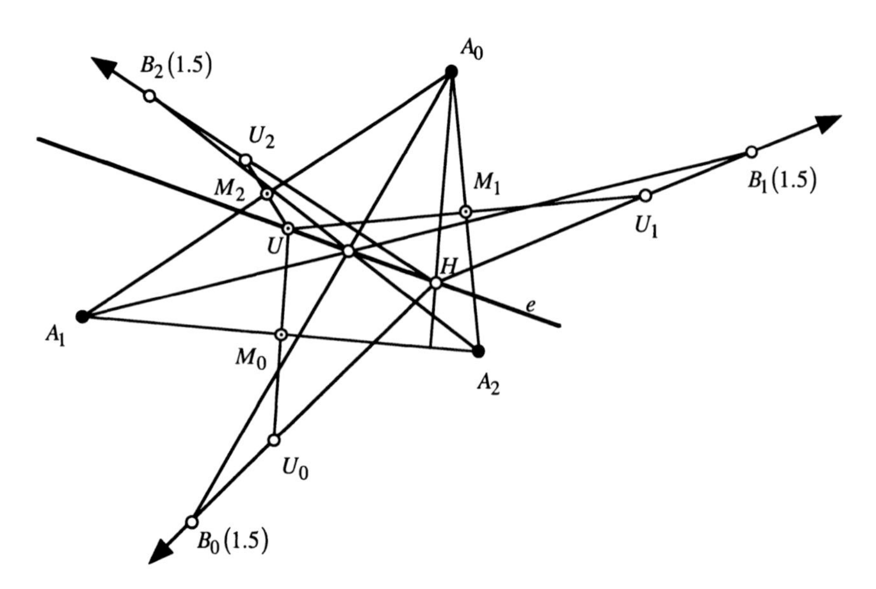

Abb. 3.6.4 Ein allgemeiner Schnittpunkt auf der Eulerschen Geraden

3.6.4 Methoden der Plausibilisierung

Dieses Beispiel eignet sich in doppelter Weise zum Einsatz des Zug-Modus einer geeigneten dynamischen Geometrie-Software. Zum einen kann durch Variation des Parameters λ die Eulersche Gerade e als geometrischer Ort dieser Schnittpunkte visuell erlebt werden. Dabei wird auf spielerisch-experimentelle Weise klar, welche Parameterwerte λ zu den bekannten Punkten wie zum Beispiel dem Höhenschnittpunkt H, dem Schwerpunkt S und dem Umkreismittelpunkt U gehören. Auch die Ergänzung von $\mathbb{R}$ durch den uneigentlichen Punkt ∞ wird unmittelbar motiviert. Zum anderen kann bei gewähltem Parameterwert λ durch „Zupfen" an den Dreiecks-Ecken A_j gezeigt werden, dass die Schnittpunktseigenschaft unabhängig von der gewählten Dreiecksform ist. Im Unterricht muss hier darauf eingegangen werden, warum diese dynamisch-visuelle Erfahrung zwar der behaupteten Eigenschaft der Eulerschen Geraden e eine hohe Plausibilität gibt, aber den Beweis nicht ersetzen kann. Im folgenden werden ein rein affiner und ein projektiver Beweis vorgestellt.

3.6.5 Der affine Beweis

Dieser Beweis ist rein elementargeometrisch. Da der Schwerpunkt S die Strecke HU drittelt, ist auf Grund der Strahlensätze die Strecke UM_j halb so lang wie die Strecke A_jH (Abb. 3.6.5 für $j=0$): das Viereck UU_jHA_j ist also ein Parallelogramm. Daraus folgt durch Punktspiegelung an der Seitenmitte M_j, dass die Seitenhalbierende A_jS durch $B_j(2)$ verläuft.

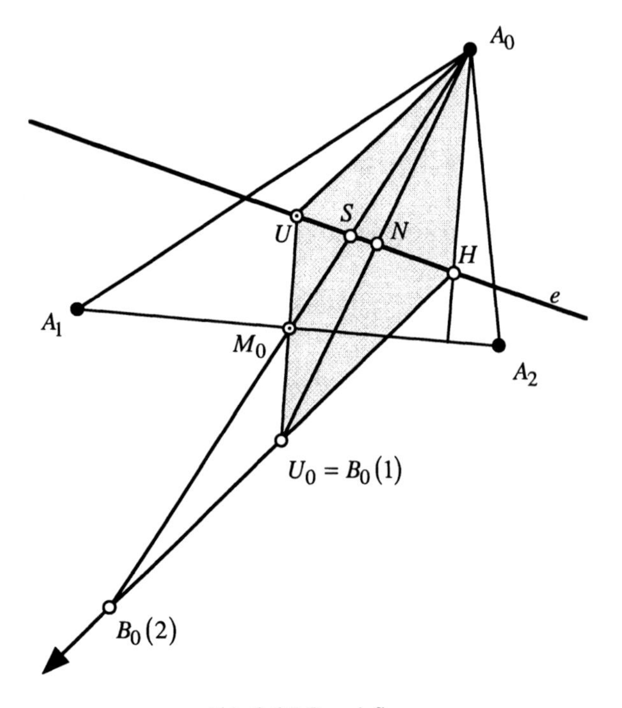

Abb. 3.6.5 Beweisfigur

Das Zentrum N des Neunpunkte-Kreises ist der Mittelpunkt der Strecke HU und daher auch Mittelpunkt der Diagonalen A_jU_j des Parallelogramms. Somit ist U_j das Spiegelbild von A_j bei der Punktspiegelung σ_N mit dem Zentrum N, also:

$$U_j = \sigma_N\left(A_j\right)$$

Zusammen mit $B_j(\lambda) = \sigma_{H,\lambda}\left(U_j\right)$ folgt:

$$B_j(\lambda) = \sigma_{H,\lambda} \circ \sigma_N\left(A_j\right)$$

Dabei ist $\sigma_\lambda = \sigma_{H,\lambda} \circ \sigma_N$ als Zusammensetzung zweier Streckungen entweder eine Streckung mit dem Zentrum auf HN, das heißt auf der Eulerschen Geraden e, oder aber (bei $\lambda = -1$) eine Translation mit e als einer Fixgeraden. Daher verlaufen die Geraden $A_jB_j(\lambda)$ entweder alle durch einen Punkt von e oder aber sie sind alle parallel zu e. Da $\lambda \in \mathbb{R}$ beliebig gewählt werden kann, kommt wegen der Parallelität $HU_j \parallel A_jU$ jeder von U verschiedene Punkt auf e als Zentrum einer Streckung σ_λ vor; der Punkt U selber ist dabei der Schnittpunkt der Geraden $A_jB_j(\infty)$.

3.6.6 Der projektive Beweis

Auf der Geraden HU_j definiert λ eine reguläre Skala mit den Nullpunkt H und dem Einheitspunkt U_j. Durch Zentralprojektion mit dem Zentrum A_j wird diese reguläre Skala auf eine projektive Skala auf der Eulerschen Geraden e abgebildet. Dabei wird dem Parameterwert $\lambda = 0$ der Höhenschnittpunkt H, dem Wert $\lambda = 1$ das Zentrum N des Feuerbachschen Neunpunkte-Kreises S und $\lambda = \infty$ der Umkreismittelpunkt U zugeordnet. Da eine projektive Skala durch drei Skalenpunkte eindeutig definiert ist, stimmen bei den drei Zentralprojektionen mit den respektiven Zentren A_j auch die Skalenpunkte der übrigen λ-Werte überein. Für jeden Wert von λ treffen sich also die drei Geraden $A_jB_j(\lambda)$ in einem Punkt der Eulerschen Geraden e.

3.7 Bemerkungen zu ausgewählten Schnittpunkten

In diesem Abschnitt werden Kommentare, exemplarische Beweise und weitere Hinweisen zu ausgewählten Schnittpunkten gegeben.

3.7.1 Schnittpunkt 32

Dieser Schnittpunkt ist nichts anderes als der Winkelhalbierendenschnittpunkt, da die Winkelhalbierenden eines Dreieckes auch den Umkreisbogen über der Gegenseite halbieren. Dies ergibt sich aus Sätzen über Peripheriewinkel.

3.7.2 Schnittpunkte 36 bis 40

Wir beginnen mit drei sich paarweise berührenden Kreisen und legen darum den „Umkreis“ (Abb. 3.7.1).

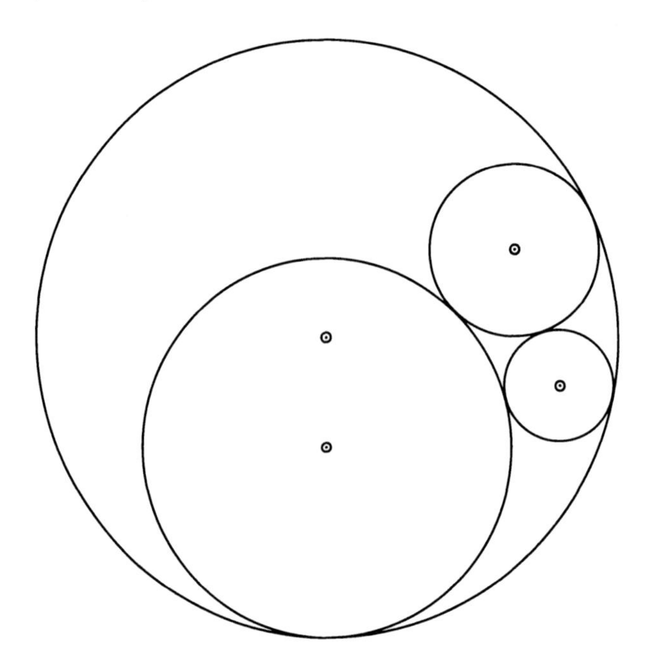

Abb. 3.7.1 Drei sich berührende Kreise und „Umkreis“

In die Kreisdreiecke zwischen je zwei der drei Startkreise und dem Umkreis legen wir je einen „Inkreis“ (Abb. 3.7.2).

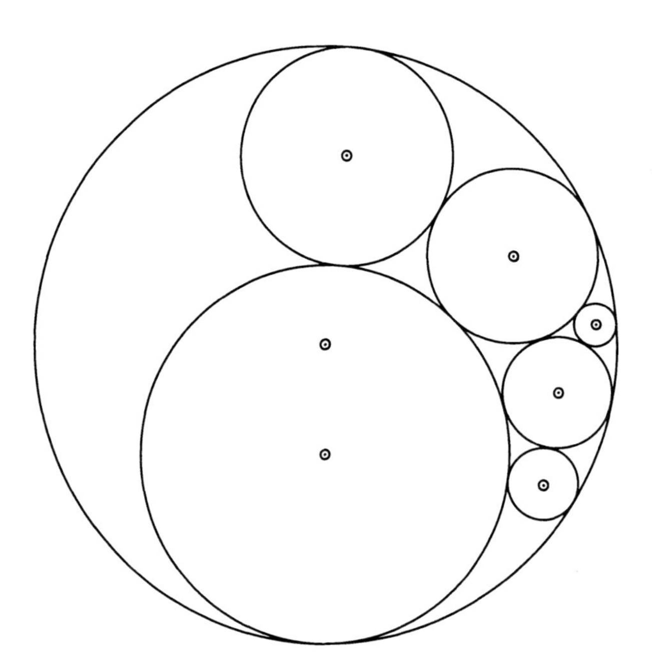

Abb. 3.7.2 „Inkreise“ in den Kreisdreiecken

In dieser Situation ergeben sich mehrere Schnittpunkte von jeweils drei Geraden (Abb. 3.7.3). Der Leser oder die Leserin ist eingeladen, weitere zu finden.

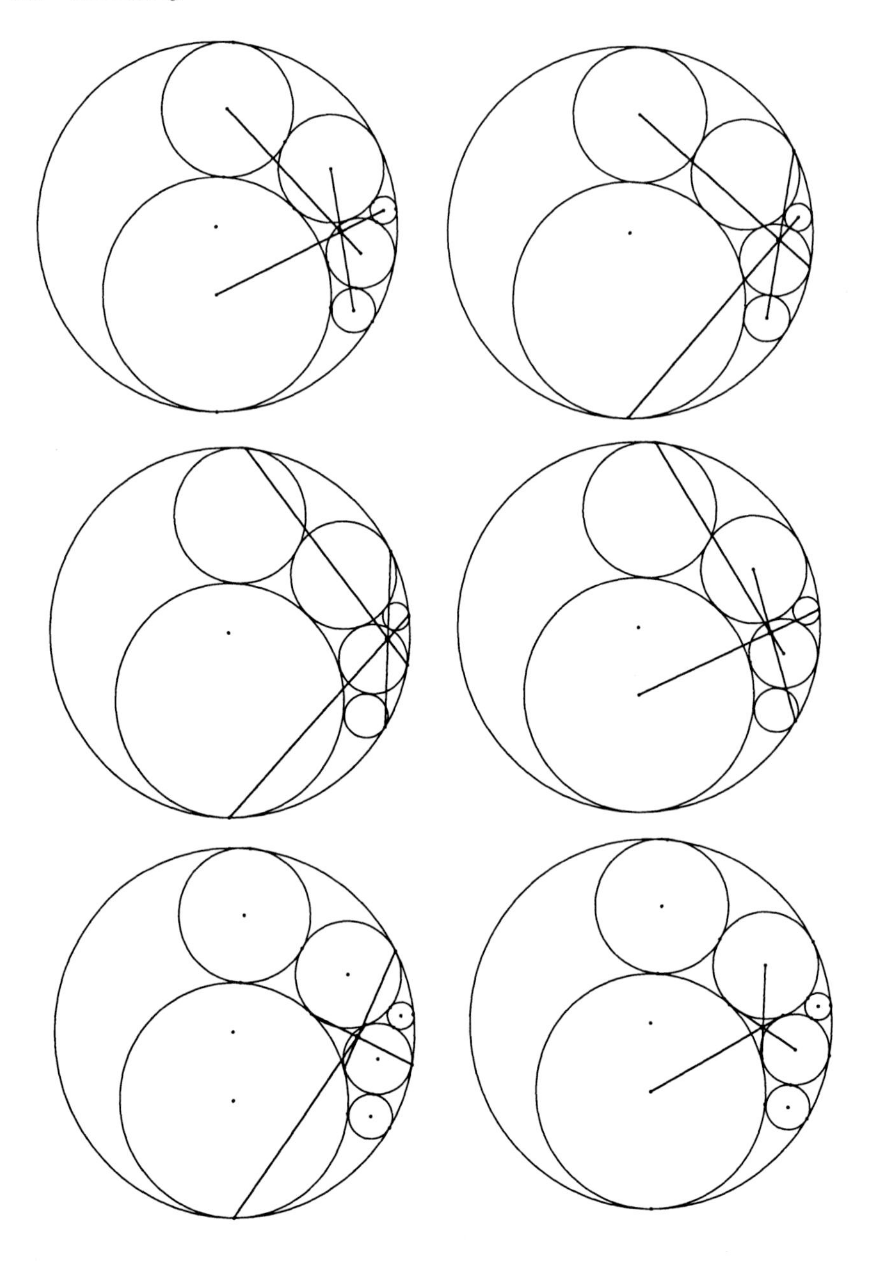

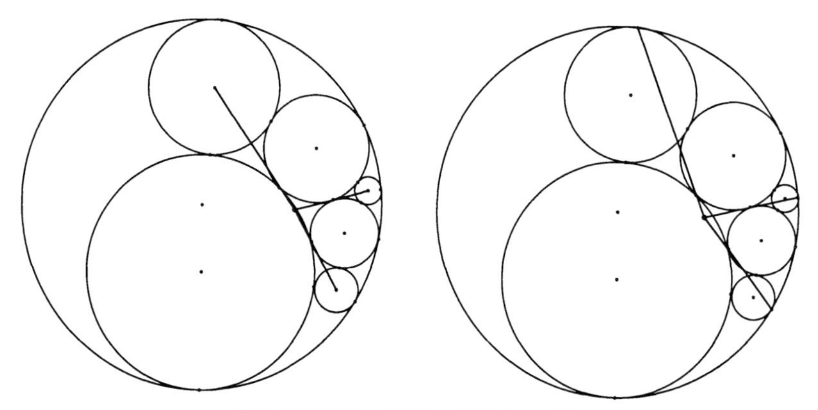

Abb. 3.7.3 Verschiedene Schnittpunkte

Diese acht Schnittpunkte sind kollinear (Abb. 3.7.4).

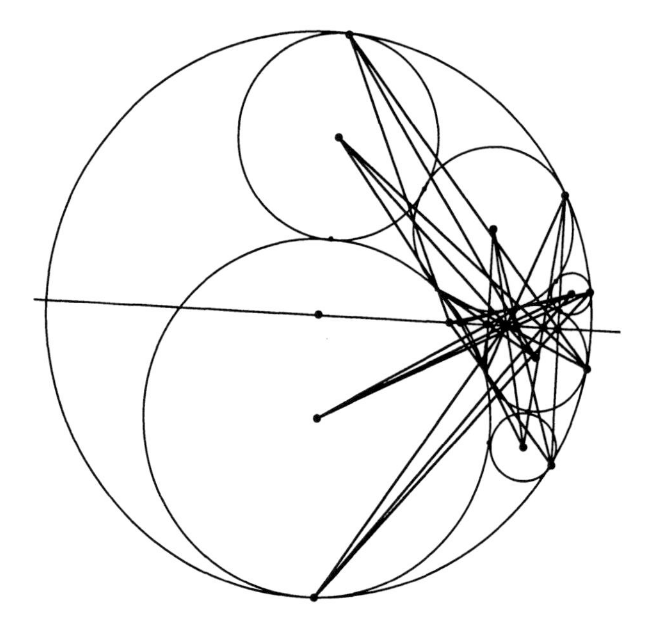

Abb. 3.7.4 Kollineare Schnittpunkte

3.7.3 Schnittpunkt 77 bis 80

Zunächst bearbeiten wir den Schnittpunkt 79, den „Propeller“.

Den folgenden Beweis verdanke ich Gerry Leversha, London. Wir verwenden die Bezeichnungen gemäß Abbildung 3.7.5.

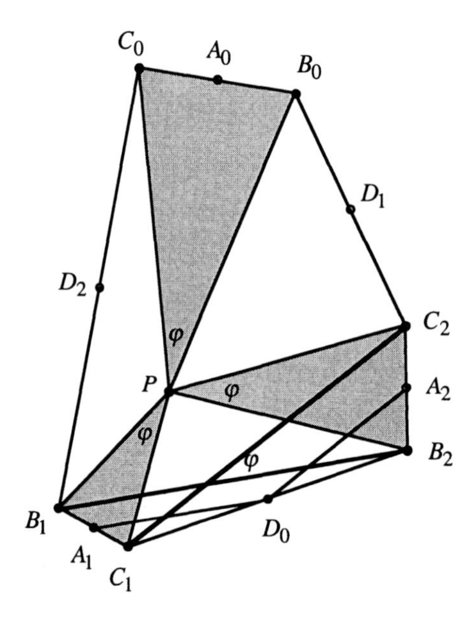

Abb. 3.7.5 Beweisfigur

Die beiden Dreiecke PB_1B_2 und PC_1C_2 gehen durch eine Drehung um das Zentrum P um den Winkel φ auseinander hervor. Daher sind die Strecke B_1B_2 und die verdrehte Strecke C_1C_2 gleich lang und ihr Schnittwinkel ist φ.

Im Dreieck $C_1B_1B_2$ ist die Strecke A_1D_0 als Mittelparallele halb so lang wie die Strecke B_1B_2; analog ist im Dreieck $B_2C_1C_2$ die Strecke D_0A_2 halb so lang wie die Strecke C_1C_2. Somit sind die Strecken A_1D_0 und D_0A_2 gleich lang und der Schnittwinkel ihrer Trägergeraden ist φ.

Das Dreieck $D_0A_1A_2$ ist daher gleichschenklig mit dem Winkel $\pi - \varphi$ an der Ecke D_0 und den beiden Basiswinkeln $\frac{\varphi}{2}$.

Analog folgt, dass auch die Dreiecke $D_1A_2A_0$ und $D_2A_0A_1$ gleichschenklig sind mit den Basiswinkeln $\frac{\varphi}{2}$. Wir haben also die Situation von Kiepert mit ähnlichen aufgesetzten gleichschenkligen Dreiecken (vgl. Abschnitt 3.5.3), woraus die Schnittpunktseigenschaft folgt (Abb. 3.7.6).

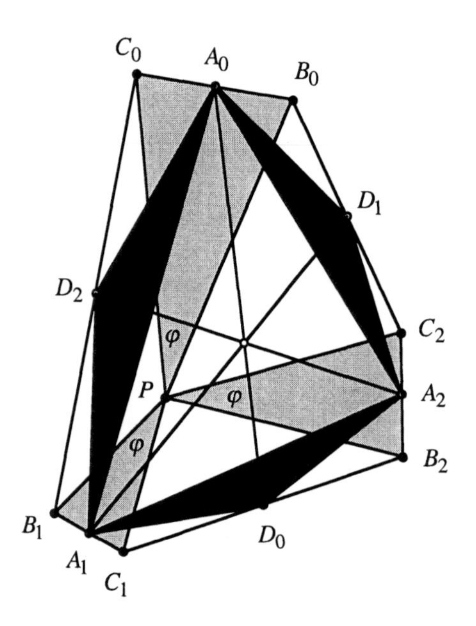

Abb. 3.7.6 Schnittpunkt nach Kiepert

Wird der Öffnungswinkel φ der Propellerblätter variiert, bewegt sich der Schnittpunkt S auf der Kiepertschen Hyperbel des Dreieckes $A_0A_1A_2$.

Die Schnittpunkte 77, 78 und 80 sind Varianten des Schnittpunktes 79.

3.7.4 Schnittpunkt 84

3.7.4.1 Der Satz des Pythagoras als Sonderfall des Kosinussatzes?

Ein beliebtes Thema für selbständige Arbeiten meiner Lehramtskandidaten ist es, verschiedene Beweise des Satzes von Pythagoras zu bearbeiten (vgl. [Baptist 1997], [Fraedrich 1995]). Dabei taucht regelmäßig der Vorschlag auf, aus dem Kosinussatz für den Sonderfall $\gamma = 90°$ auf den Satz des Pythagoras zu schließen. Eine Durchsicht der gängigen Beweise des Kosinussatzes zeigt aber, dass fast alle diese Beweise den Satz des Pythagoras verwenden. Der daraus abgeleitete „Beweis" des Satzes von Pythagoras ist dann ein Zirkelschluss. Lediglich der „vektorielle" Beweis des Kosinussatzes ist „pythagorasfrei"; die Vektorrechnung wird im Unterricht aber in der Regel erst nach der Trigonometrie behandelt.

3.7.4.2 Eine „pythagorasfreie" Herleitung des Kosinussatzes

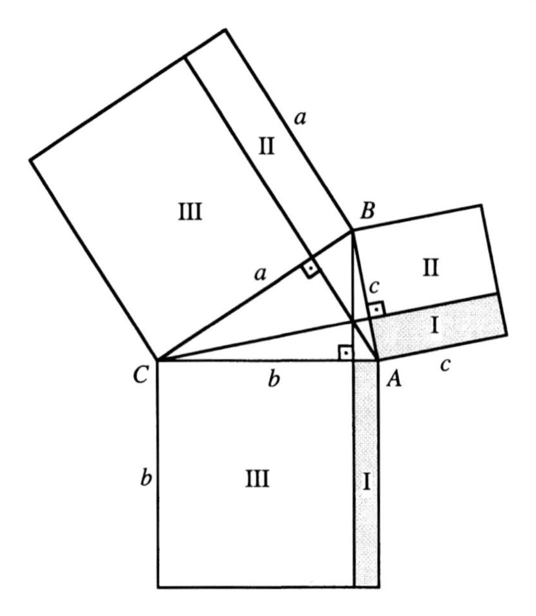

Abb. 3.7.7 Ansetzen von Quadraten

Über jeder Seite eines spitzwinkligen Dreieckes ABC zeichnen wir nach außen ein Quadrat (Abb. 3.7.7). Die Dreieckshöhen zerlegen jedes dieser Quadrate in zwei Rechtecke.

Die beiden mit I bezeichneten Teilrechtecke haben denselben Flächeninhalt, nämlich $\mathrm{I} = bc\cos(\alpha)$. Analog ist $\mathrm{II} = ca\cos(\beta)$ und $\mathrm{III} = ab\cos(\gamma)$.

Nun ist weiter:

$$c^2 = \mathrm{I} + \mathrm{II} = \underbrace{\left(b^2 - \mathrm{III}\right)}_{\mathrm{I}} + \underbrace{\left(a^2 - \mathrm{III}\right)}_{\mathrm{II}} = a^2 + b^2 - 2\underbrace{\mathrm{III}}_{ab\cos(\gamma)} = a^2 + b^2 - 2ab\cos(\gamma)$$

3.7.4.3 Schnittpunkte

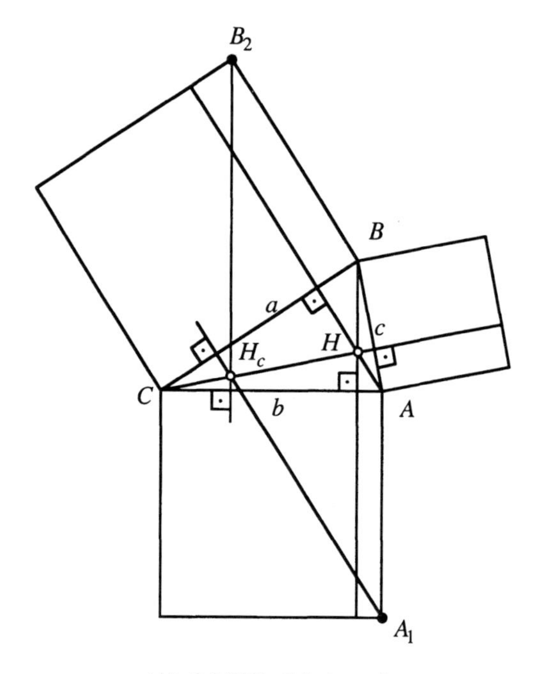

Abb. 3.7.8 Ein Schnittpunkt

Wir fällen von der äußeren Quadratecke A_1 (Abb. 3.7.8) aus das Lot auf die Dreiecksseite BC und ebenso von B_2 das Lot auf die Dreiecksseite CA.

Dann liegt der Schnittpunkt dieser zwei Lote auf der Dreieckshöhe h_c. Zum Beweis verwenden wir Winkel gemäß Abbildung 3.7.9.

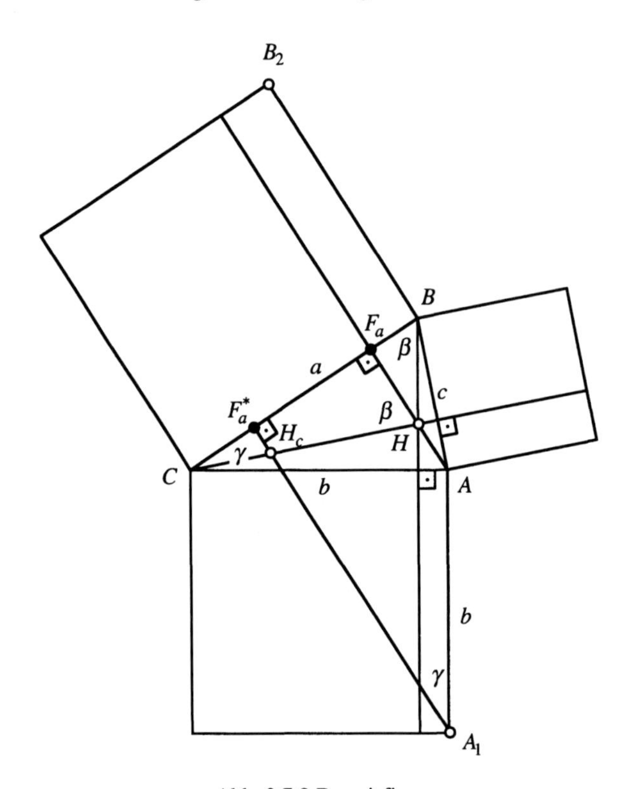

Abb. 3.7.9 Beweisfigur

Es ist dann einerseits $\overline{F_aF_a^*} = b\sin(\gamma)$ und anderseits $\overline{F_aF_a^*} = \overline{HH_c}\sin(\beta)$. Aus $b\sin(\gamma) = \overline{HH_c}\sin(\beta)$ und dem Sinussatz folgt dann $\overline{HH_c} = c$. Das Lot von der äußeren Quadratecke A_1 aus auf die Dreiecksseite BC schneidet die Dreieckshöhe h_c also in einem Punkt, welcher vom Höhenschnittpunkt H den Abstand c hat. Das entsprechende Vorgehen für das Lot von B_2 aus auf die Dreiecksseite CA führt zum selben Abstand. Damit sind die drei Geraden kopunktal.

Analog können wir von allen äußeren Quadratecken aus entsprechende Lote fällen und erhalten dadurch sechs Schnittpunkte von je drei Geraden (Abb. 3.7.10). Diese bilden ein affinreguläres Sechseck mit dem Höhenschnittpunkt als Mittelpunkt; dieses Sechseck ist aus sechs zum Ausgangsdreieck *ABC* kongruenten Dreiecken zusammengesetzt.

Jeder einzelne dieser sechs Schnittpunkte ist ein asymmetrischer Schnittpunkt, indem die drei kopunktalen Geraden nicht alle drei dieselbe Bedeutung im Dreieck haben. Es wird jeweils eine Dreieckshöhe mit zwei von äußeren Quadratecken ausgehenden Loten geschnitten.

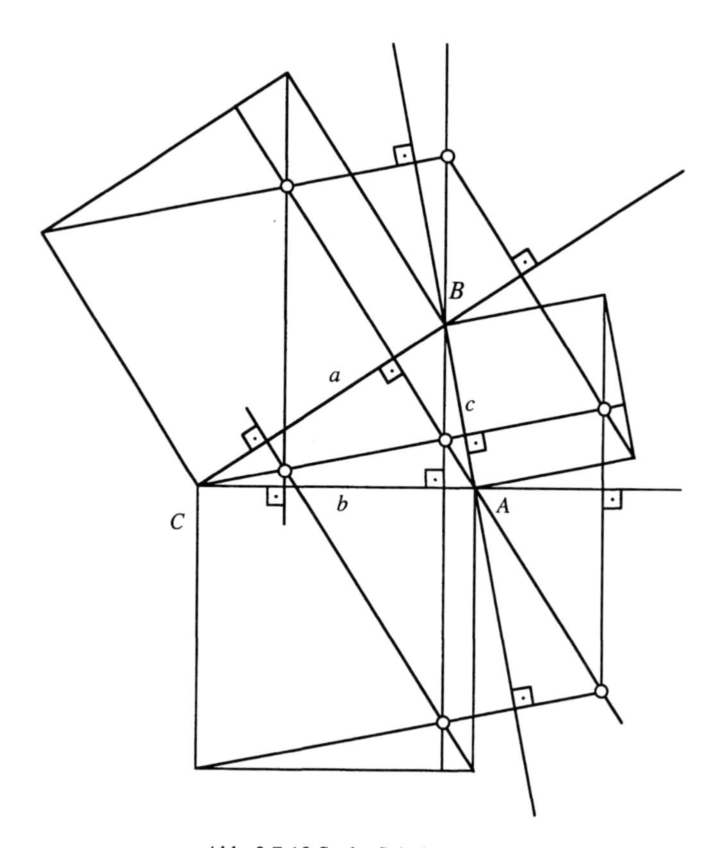

Abb. 3.7.10 Sechs Schnittpunkte

3.7.5 Schnittpunkt 87

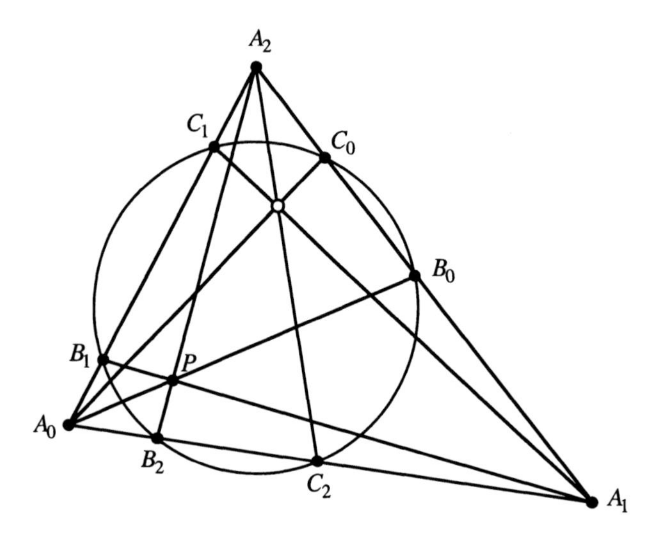

Abb. 3.7.11 Beweisfigur

Die Transversalen A_iB_i, $i \in \{0,1,2\}$, sind kopunktal, also ist nach dem Satz von Ceva:

$$\frac{\overline{A_1B_0}}{\overline{A_2B_0}} \frac{\overline{A_2B_1}}{\overline{A_0B_1}} \frac{\overline{A_0B_2}}{\overline{A_1B_2}} = 1$$

Nach dem Potenzsatz gilt:

$$\overline{A_0B_1}\ \overline{A_0C_1} = \overline{A_0B_2}\ \overline{A_0C_2}$$

also:

$$\frac{\overline{A_0B_2}}{\overline{A_0B_1}} = \frac{\overline{A_0C_1}}{\overline{A_0C_2}} \text{ und analog } \frac{\overline{A_1B_0}}{\overline{A_1B_2}} = \frac{\overline{A_1C_2}}{\overline{A_1C_0}} \text{ und } \frac{\overline{A_2B_1}}{\overline{A_2B_0}} = \frac{\overline{A_2C_0}}{\overline{A_2C_1}}$$

Aus $\frac{\overline{A_1B_0}}{\overline{A_2B_0}} \frac{\overline{A_2B_1}}{\overline{A_0B_1}} \frac{\overline{A_0B_2}}{\overline{A_1B_2}} = 1$ folgt somit $\frac{\overline{A_1C_0}}{\overline{A_2C_0}} \frac{\overline{A_2C_1}}{\overline{A_0C_1}} \frac{\overline{A_0C_2}}{\overline{A_1C_2}} = 1$, das heißt, die Transversalen A_iC_i, $i \in \{0,1,2\}$, sind ebenfalls kopunktal.

Als Variante können aber auch im Dreieck $A_0A_1A_2$ der Punkt P und damit die Punkte B_0, B_1 und B_2 vorgegeben werden sowie zum Beispiel C_1 und C_2 auf den Dreiecksseiten. Die fünf Punkte B_0, B_1, B_2, C_1 und C_2 definieren einen Kegelschnitt.

Der Schnittpunkt dieses Kegelschnittes mit der passenden Dreiecksseite sei C_0. Dann sind die Transversalen A_iC_i, $i \in \{0,1,2\}$, kopunktal. Die Abbildung 3.7.12 zeigt die Situation mit einer Ellipse, bei der Abbildung 3.7.13 haben wir eine Hyperbel.

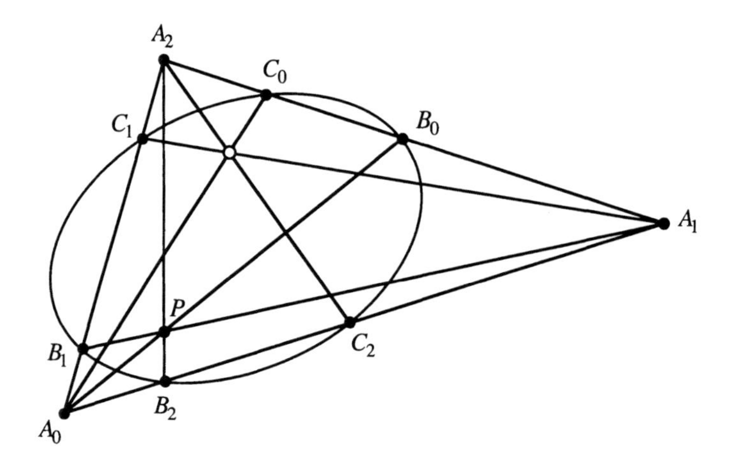

Abb. 3.7.12 Situation mit Ellipse

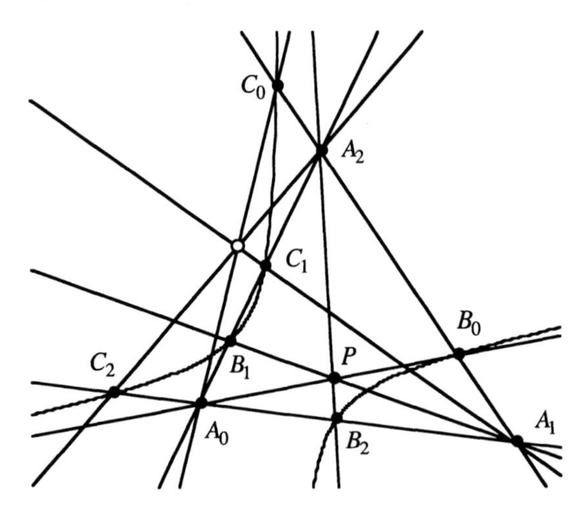

Abb. 3.7.13 Situation mit Hyperbel

3.7.6 Schnittpunkte 96, 97, 98

Zwei regelmäßige n-Ecke $A_0A_1...A_{n-1}$ und $B_0B_1...B_{n-1}$ haben eine Ecke gemeinsam; es sei zum Beispiel $A_0 = B_0$. Dann sind die Geraden A_iB_i, $i \in \{1,2,...,n-1\}$, kopunktal (vgl. Abb. 3.7.14 mit $n = 6$).

Es sei S der Schnittpunkt der beiden Geraden A_1B_1 und $A_{n-1}B_{n-1}$. Das Dreieck $A_0A_1B_1$ wird durch eine Rotation um A_0 um $\frac{n-2}{n}\pi$ auf das Dreieck $A_0A_{n-1}B_{n-1}$ abgebildet. Die beiden Geraden A_1B_1 und $A_{n-1}B_{n-1}$ schneiden sich also in S unter einem Winkel von $\frac{n-2}{n}\pi$. Der Punkt S liegt somit auf dem Ortsbogen über der Strecke A_1A_{n-1} mit dem Winkel $\frac{n-2}{n}\pi$; dieser Ortsbogen ist aber Teil des Umkreises des n-Eckes $A_0A_1...A_{n-1}$. Ebenso liegt der Punkt S aber auch auf dem Umkreis des n-Eckes $B_0B_1...B_{n-1}$. Der Punkt S ist also neben A_0 der zweite Schnittpunkt der beiden Umkreise. Analog kann mit einer Rotation um A_0 um $\frac{n-2j}{n}\pi$ gezeigt werden, dass auch der Schnittpunkt der beiden Geraden A_jB_j und

$A_{n-j}B_{n-j}$, $j \in \left\{1,2,\ldots,\left\lfloor \frac{n-1}{2} \right\rfloor\right\}$, auf diesem zweiten Schnittpunkt der beiden Umkreise liegen muss. Für gerades n muss die Gerade $A_{\frac{n}{2}}B_{\frac{n}{2}}$ gesondert betrachtet werden, sie ist aber die Winkelhalbierende der beiden Geraden $A_{\frac{n}{2}-1}B_{\frac{n}{2}-1}$ und $A_{\frac{n}{2}+1}B_{\frac{n}{2}+1}$. Damit ist die behauptete Schnittpunktseigenschaft bewiesen. Aus dem Beweis geht auch hervor, dass sich die Geraden A_iB_i unter ganzzahligen Vielfachen des Winkels $\frac{\pi}{n}$ schneiden. Die Gerade SA_0 gehört ebenfalls zu diesem regelmäßigen Geradenbüschel.

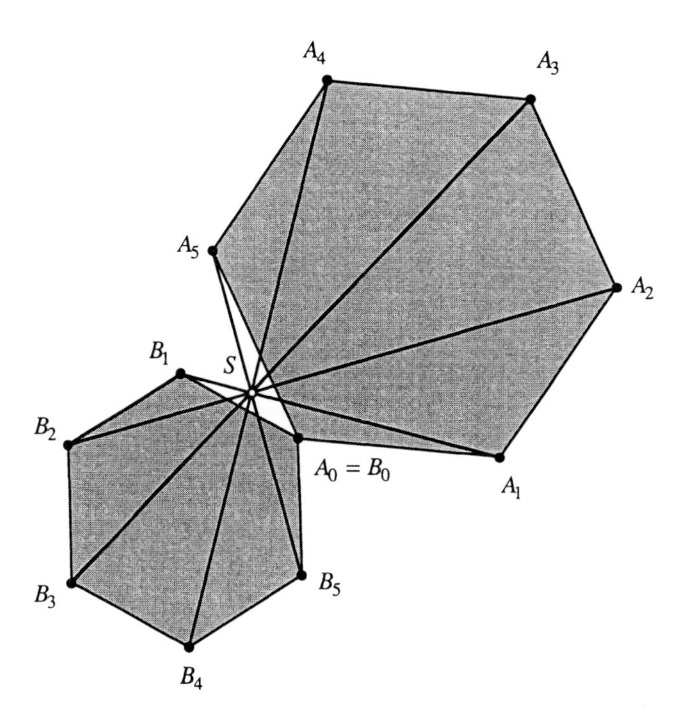

Abb. 3.7.14 Zwei regelmäßige Sechsecke mit einer gemeinsamen Ecke

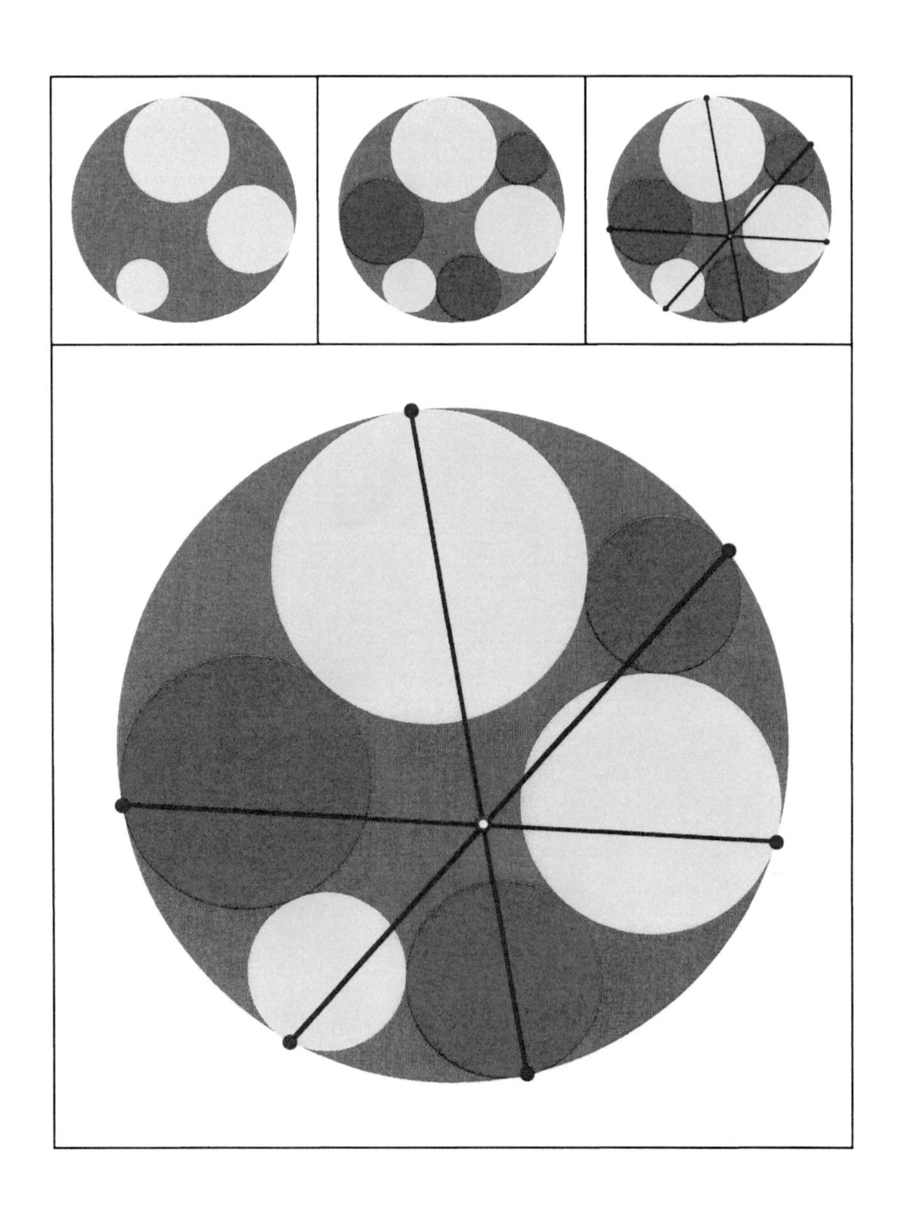

Literatur und Websites

[Baptist 1992] Baptist, P.: Die Entwicklung der neueren Dreiecksgeometrie. Mannheim: B.I.Wissenschaftsverlag 1992.

[Baptist 1997] Baptist, P.: Pythagoras und kein Ende? Stuttgart: Klett 1997.

[Berger 1987] Berger, M.: Geometry I. New York: Springer 1987.

[Buchmann 1975] Buchmann, G.: Nichteuklidische Elementargeometrie. Zürich: Orell Füssli 1975.

[Burg/Haf/Wille 1994] Burg, K. / H. Haf / F. Wille: Höhere Mathematik für Ingenieure. Band IV Vektoranalysis und Funktionentheorie. 2. Auflage. Stuttgart: Teubner 1994.

[Butz 2009] Butz, T.: Fouriertransformationen für Fußgänger. 6. Auflage. Wiesbaden: Teubner 2009.

[Cederberg 1995] Cederberg, J. N.: A Course in Modern Geometries. New York: Springer 1995.

[Chasles 1968] Chasles, M.: Geschichte der Geometrie. Deutsche Übersetzung von L. A. Sohnke. 1839. Nachdruck: Wiesbaden 1968.

[Coxeter 1996] Coxeter, H.S.M.: Unvergängliche Geometrie. 2.Auflage. Basel: Birkhäuser 1996.

[Coxeter/Greitzer 1983] Coxeter, H. S. M. / Greitzer, S. L.: Zeitlose Geometrie. Stuttgart: Klett 1983.

[Detemple/Harold 1996] Detemple, D. / S. Harold: A Round-Up of Square Problems. Mathematics Magazine, Vol. 69, No. 1, February 1996, p. 15-27.

[Donath 1976] Donath, E.: Die merkwürdigen Punkte und Linien des ebenen Dreiecks. 3. Auflage. Berlin: Deutscher Verlag der Wissenschaften 1976.

[Eddy/Fritsch 1994] Eddy, R.H. / R. Fritsch: The Conics of Ludwig Kiepert: A Comprehensive Lesson in the Geometry of the Triangle. Mathematics Magazine, Vol. 67, No. 3, June 1994, p. 188-205.

[Euler 1767] Euler, Leonhard: Solutio facilis problematum quorundam geometricorum difficillimorum. Novi Commentarii Academiae Scientiarum Petropolitanae. 11, 1767, pp. 103-123.

[Filler 1993] Filler, A.: Euklidische und nichteuklidische Geometrie. Mannheim: BI-Wissenschaftsverlag 1993.

[Fraedrich 1995] Fraedrich, A. M.: Die Satzgruppe des Pythagoras. Mannheim: BI-Wissenschaftsverlag 1995.

[Graumann 2004] Graumann, G.: EAGLE-STARTHILFE Grundbegriffe der Geometrie. EAGLE 006. Leipzig: Edition am Gutenbergplatz Leipzig 2004.

[Hartshorne 2000] Hartshorne, R.: Geometry: Euclid and Beyond. New York: Springer 2000.

[Hauptmann 1995] Hauptmann, W.: Erzeugung „merkwürdiger Punkte“. PM Praxis der Mathematik 37, 1995, S. 8.

[Heuser 2006] Heuser, H.: Funktionalanalysis. 4. Auflage. Wiesbaden: Teubner 2006.

[Hoehn 2001] Hoehn, L.: Extriangles and Excevians. Mathematics Magazine, Vol. 74, No. 5, December 2001, p. 384-388.

[Holme 2002] Holme, A.: Geometry. Our Cultural Heritage. New York: Springer 2002.

[Jänich 2009] Jänich, K.: Mathematik 1. Geschrieben für Physiker. 2. Auflage. Berlin: Springer 2009.

[Kimberling 1998] Kimberling, C.: Triangle Centers and Central Triangles. Congr. Numer. 129 (1998), p. 1-295.

[Kinsey/Moore 2002] Kinsey, L. C. / T. E. Moore: Symmetry, Shape and Space. An Introduction to Mathematics Through Geometry. Emeryville: Key College Publishing 2002.

[Klemenz 2003] Klemenz, H.: Merkwürdiges im Dreieck. VSMP Bulletin, herausgegeben vom Verein Schweizerischer Mathematik- und Physiklehrer, No 91, Februar 2003, S. 16-23.

[Kroll 1990] Kroll, W.: Rundwege und Kreuzfahrten. PM Praxis der Mathematik 32, 1990, S. 1-9.

[Lenz 1967] Lenz, H.: Nichteuklidische Geometrie. Mannheim: Bibliographisches Institut 1967.

[Longuet-Higgins 2001] Longuet-Higgins, M. S.: On the principal centers of a triangle. Elemente der Mathematik 56, 2001, S. 122-129.

[Madelung 1964] Madelung, E.: Die mathematischen Hilfsmittel des Physikers. Berlin: Springer 1964.

[Meyberg/Vachenauer 2003] Meyberg, K. / P. Vachenauer: Höhere Mathematik 1. 6. , korrigierte Auflage. Berlin: Springer 2003.

[Nöbeling 1976] Nöbeling, G.: Einführung in die nichteuklidischen Geometrien der Ebene. Berlin: Walter de Gruyter 1976.

[Schumann 1990/91] Schumann, H.: Geometrie im Zug-Modus. Teil 1: Didaktik der Mathematik 18, 1990, S. 290-303, Teil 2: Didaktik der Mathematik 19, 1991, S. 50-78.

[Walser 1990-1994] Walser, H.: Schlußpunkt. Didaktik der Mathematik, 18 (1990) bis 22 (1994), jeweils letzte Heftseite.

[Walser 1991] Walser, H.: Ein Schnittpunktsatz. Praxis der Mathematik (33), 1991, 70-71.

[Walser 1993] Walser, H.: Die Eulersche Gerade als Ort „merkwürdiger Punkte“. Didaktik der Mathematik 21, 1993, S. 95-98.

[Walser 1994] Walser, H.: Eine Verallgemeinerung der Winkelhalbierenden. Didaktik der Mathematik 22, 1994, S. 50-56.

[Walser 1998] Walser, H.: Symmetrie. Stuttgart: Teubner 1998.

[Walser 2003] Walser, H.: Eine Schar von Schnittpunkten im Dreieck. Praxis der Mathematik (2/45), 2003, S. 66-68.

[Walser 2007] Walser, Hans: Die Eulersche Gerade. Beweis ohne Worte. UNI NOVA Wissenschaftsmagazin der Universität Basel. 105 – März 2007. S. 20.

[Walser 2009] Walser, H.: Der Goldene Schnitt. EAGLE 001. 5. Auflage. EAGLE-EINBLICKE. Leipzig: Edition am Gutenbergplatz Leipzig 2009.

[Wells 1991] Wells, D.: The Penguin Dictionary of Curious and Interesting Geometry. London: Penguin Books 1991.

[Zeitler 1970] Zeitler, H.: Hyperbolische Geometrie. München: Bayerischer Schulbuch Verlag 1970.

Websites

[Euler 1767 Faksimile] Euler, Leonhard: Solutio facilis problematum quorundam geometricorum difficillimorum. Novi Commentarii Academiae Scientiarum Petropolitanae. 11, 1767, pp. 103-123
Faksimile unter
http://www.math.dartmouth.edu/~euler, dann Eneström Index, Nummer 325, Facsimile (30.11.2009)

[Kimberling, Clark]

Triangle Centers: http://faculty.evansville.edu/ck6/tcenters/index.html (30.11.2009)

Recently Discovered Triangle Centers:
http://faculty.evansville.edu/ck6/tcenters/recent/index.html (30.11.2009)

The Encyclopedia of Triangle Centers:
http://faculty.evansville.edu/ck6/encyclopedia/ETC.html (30.11.2009)

[mathworld] http://mathworld.wolfram.com/topics/TriangleCenters.html (30.11.2009)

[Teubner-Stiftung] http://www.stiftung-teubner-leipzig.de/1-mathematik.htm (30.11.2009)

[Walser, Hans]

Schnittpunkte: http://www.math.unibas.ch/~walser/Schnittpunkte (30.11.2009)

Der Goldene Schnitt: http://www.eagle-leipzig.de/001-walser.htm (30.11.2009)

99 Schnittpunkte: http://www.eagle-leipzig.de/010-walser.htm (30.11.2009)

Dynamische Geometrie Software (DGS)

Cabri-Géomètre: http://www-cabri.imag.fr (30.11.2009)

Cinderella: www.cinderella.de (30.11.2009)

EUKLID / DynaGeo: http://www.dynageo.de/ (30.11.2009)

GeoGebra: http://www.geogebra.org/cms/ (30.11.2009)

GEONExT: http://geonext.uni-bayreuth.de/ (30.11.2009)

Sketchpad: http://www.dynamicgeometry.com/ (30.11.2009)

Zirkel-und-Lineal: http://zirkel.sourceforge.net (30.11.2009)

GeoGebra, GEONExT und Zirkel-und-Lineal sind Freeware.

Computer-Algebra-Systeme (CAS)

Maple http://www.maplesoft.com (30.11.2009)

Mathematica http://www.wolfram.com/products/mathematica/index.html (30.11.2009)

MuPAD (MATLAB) http://www.mathworks.de/products/matlab (30.11.2009)

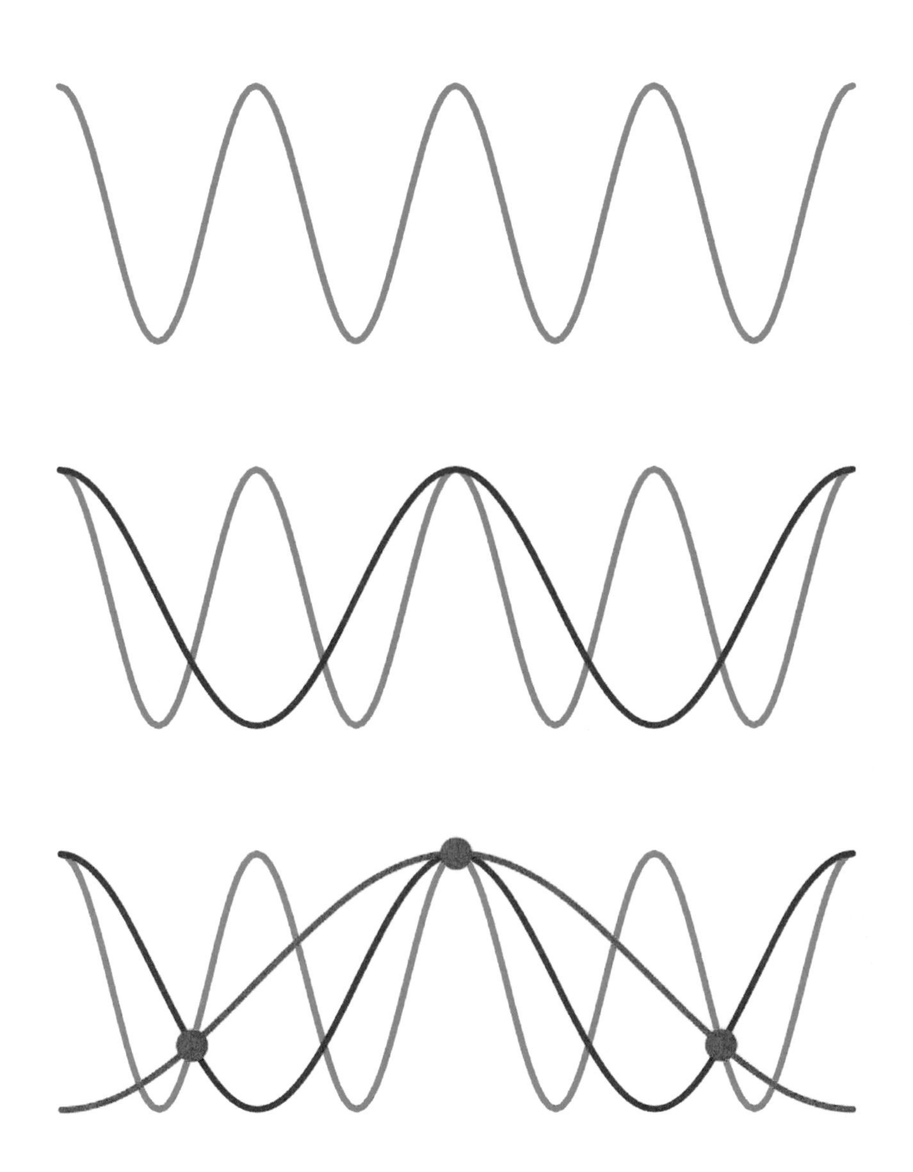

Namen- und Sachverzeichnis

Leipzig 2011. EAGLE 051
ISBN 978-3-937219-51-6

Leipzig 2011. EAGLE 050
ISBN 978-3-937219-50-9

Leipzig 2011. EAGLE 052
ISBN 978-3-937219-52-3

Leipzig 2011. EAGLE 049
ISBN 978-3-937219-49-3

Leipzig 2011. EAGLE 048
ISBN 978-3-937219-48-6

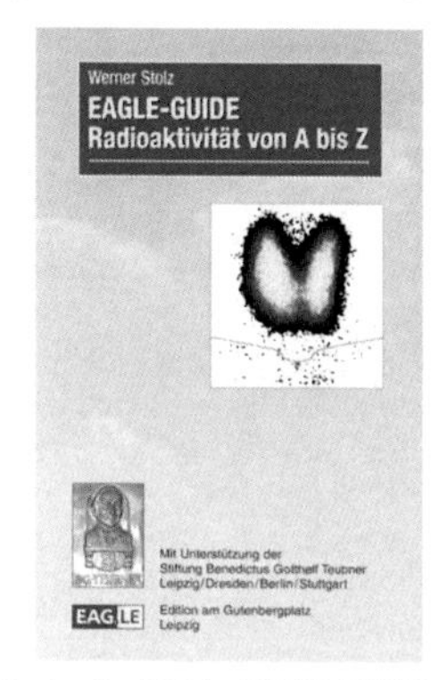

Leipzig 2011. EAGLE 053
ISBN 978-3-937219-53-0

Leipzig 2011. EAGLE 047
ISBN 978-3-937219-47-9

Leipzig 2009. EAGLE 035
ISBN 978-3-937219-35-6

Leipzig 2011. EAGLE 043
ISBN 978-3-937219-43-1

Bandemer, H.: Mathematik und Ungewissheit. Leipzig 2005. 1. Aufl. EAGLE 023. 3-937219-23-4

Britzelmaier, B. / Studer, H. P. / Kaufmann, H.-R.: EAGLE-STARTHILFE Marketing. Leipzig 2010. 2., bearb. u. erw. Aufl. EAGLE 040. ISBN 978-3-937219-40-0

Brune, W.: Klimaphysik. Strahlung und Materieströme. Leipzig 2011. 1. Aufl. EAGLE 034. ISBN 978-3-937219-34-9

Dettweiler, E.: Risk Processes. Leipzig 2004. 1. Aufl. EAGLE 008. ISBN 3-937219-08-0

Deweß, G. / Hartwig, H.: Wirtschaftsstatistik für Studienanfänger. Begriffe – Aufgaben – Lösungen. Leipzig 2010. 1. Aufl. EAGLE 038. ISBN 978-3-937219-38-7

Eschrig, H.: The Particle World of Condensed Matter. An Introduction to the Notion of Quasi-Particle. Leipzig 2005. 1. Aufl. EAGLE 024. ISBN 3-937219-24-2

Eschrig, H.: The Fundamentals of Density Functional Theory. Leipzig 2003. 2., bearb. u. erw. Aufl. EAGLE 004. ISBN 3-937219-04-8

Franeck, H.: ... aus meiner Sicht. Freiberger Akademieleben. Geleitwort: **D. Stoyan.** Leipzig 2009. 1. Aufl. EAGLE 030. ISBN 978-3-937219-30-1

Franeck, H.: EAGLE-STARTHILFE Technische Mechanik. Ein Leitfaden für Studienanfänger des Ingenieurwesens. Leipzig 2004. 2., bearb. u. erw. Aufl. EAGLE 015. ISBN 3-937219-15-3

Fröhner, M. / Windisch, G.: EAGLE-GUIDE Elementare Fourier-Reihen. Leipzig 2009. 2., bearb. u. erw. Aufl. EAGLE 018. ISBN 978-3-937219-99-8

Göthner, P.: Algebra – aller Anfang ist leicht. 5. Aufl. In Vorbereitung.

Graumann, G.: EAGLE-STARTHILFE Grundbegriffe der Elementaren Geometrie. Leipzig 2011. 2., bearb. u. erw. Aufl. EAGLE 006. ISBN 978-3-937219-80-6

Günther, H.: Bewegung in Raum und Zeit. 1. Aufl. In Vorbereitung.

Günther, H.: EAGLE-GUIDE Raum und Zeit – Relativität. Leipzig 2009. 2., bearb. u. erw. Aufl. EAGLE 022. ISBN 978-3-937219-88-2

Haftmann, R.: EAGLE-GUIDE Differenzialrechnung. Vom Ein- zum Mehrdimensionalen. Leipzig 2009. 1. Aufl. EAGLE 029. ISBN 978-3-937219-29-5

Hauptmann, S.: EAGLE-STARTHILFE Chemie. Leipzig 2004. 3., bearb. u. erw. Aufl. EAGLE 007. ISBN 3-937219-07-2

Hupfer, P. / Tinz, B.: EAGLE-GUIDE Die Ostseeküste im Klimawandel. Fakten – Projektionen – Folgen. Leipzig 2011. 1. Aufl. EAGLE 043. ISBN 978-3-937219-43-1

Inhetveen, R.: Logik. Eine dialog-orientierte Einführung. Leipzig 2003. 1. Aufl. EAGLE 002. ISBN 3-937219-02-1

Junghanns, P.: EAGLE-GUIDE Orthogonale Polynome. Leipzig 2009. 1. Aufl. EAGLE 028. ISBN 978-3-937219-28-8

Klingenberg, W. P. A.: Klassische Differentialgeometrie. Eine Einführung in die Riemannsche Geometrie. Leipzig 2004. 1. Aufl. EAGLE 016. ISBN 3-937219-16-1

Krämer, H.: In der sächsischen Kutsche. Der Firmengründer B. G. Teubner und seine Nachfolger A. Ackermann-Teubner und A. Giesecke-Teubner. 1. Aufl. In Vorbereitung.

Krämer, H. / Weiß, J.: „Wissenschaft und geistige Bildung kräftig fördern“. Zweihundert Jahre B. G. Teubner 1811-2011. Leipzig 2011. 1. Aufl. EAGLE 050. ISBN 978-3-937219-50-9

Krämer, H.: Die Altertumswissenschaft und der Verlag B. G. Teubner. Leipzig 2011. 1. Aufl. EAGLE 049. ISBN 978-3-937219-49-3

Krämer, H.: Neun Gelehrtenleben am Abgrund der Macht. Der Verlagskatalog B. G. Teubner, Leipzig – Berlin 1933: Eduard Norden. Paul Maas. Eduard Fraenkel. Eugen Täubler. Alfred Einstein. Albert Einstein. Max Born. Hermann Weyl. Franz Ollendorff. Leipzig 2011. 2., bearb. u. erw. Aufl. EAGLE 048. ISBN 978-3-937219-48-6

Kufner, A. / Leinfelder, H.: EAGLE-STARTHILFE Elementare Ungleichungen. 1. Aufl. In Vorber.

Lassmann, W. / Schwarzer, J. (Hrsg.): Optimieren und Entscheiden in der Wirtschaft. Gewidmet dem Nobelpreisträger **L. W. Kantorowitsch.** Mit seiner Nobelpreisrede 1975 und seinem Festvortrag zur Verleihung der Ehrendoktorwürde, Halle-Wittenberg 1984. Leipzig 2004. 1. Aufl. EAGLE 013. ISBN 3-937219-13-7

Luderer, B.: EAGLE-GUIDE Basiswissen der Algebra.
Leipzig 2009. 2., bearb. u. erw. Aufl. EAGLE 017. ISBN 978-3-937219-96-7

Luderer, B. (Ed.): Adam Ries and his 'Coss'. A Contribution to the Development of Algebra in 16th Century Germany. With Contributions by **W. Kaunzner, H. Wussing,** and **B. Luderer.**
Leipzig 2004. 1. Aufl. EAGLE 011. ISBN 3-937219-11-0

Ortner, E.: Sprachbasierte Informatik. Wie man mit Wörtern die Cyber-Welt bewegt.
Leipzig 2005. 1. Aufl. EAGLE 025. ISBN 3-937219-25-0

Pieper, H.: Netzwerk des Wissens und Diplomatie des Wohltuns.
Berliner Mathematik, gefördert von A. v. Humboldt und C. F. Gauß. Geleitwort: **E. Knobloch.**
Leipzig 2004. 1. Aufl. EAGLE 012. ISBN 3-937219-12-9

Radbruch, K.: Bausteine zu einer Kulturphilosophie der Mathematik.
Leipzig 2009. 1. Aufl. EAGLE 031. ISBN 978-3-937219-31-8

Reich, K. (Hrsg.): Wolfgang Sartorius von Waltershausen, C. F. Gauß zum Gedächtniss.
Biographie Carl Friedrich Gauß, Leipzig 1856. Mit dem von **Karin Reich** verfassten Essay „Wolfgang Sartorius von Waltershausen (1809-1876)". In Vorbereitung.

Resch, J.: EAGLE-GUIDE Finanzmathematik. Leipzig 2004. 1. Aufl. EAGLE 020. 3-937219-20-X

Scheja, G.: Der Reiz des Rechnens. Leipzig 2004. 1. Aufl. EAGLE 009. ISBN 3-937219-09-9

Sprößig, W. / Fichtner, A.: EAGLE-GUIDE Vektoranalysis.
Leipzig 2004. 1. Aufl. EAGLE 019. ISBN 3-937219-19-6

Stolz, W.: EAGLE-GUIDE Radioaktivität von A bis Z.
Leipzig 2011. 1. Aufl. EAGLE 053. ISBN 978-3-937219-53-0

Stolz, W.: EAGLE-GUIDE Formeln zur elementaren Physik.
Leipzig 2009. 1. Aufl. EAGLE 027. ISBN 978-3-937219-27-1

Thiele, R.: Felix Klein in Leipzig. Mit **F. Kleins** Antrittsrede, Leipzig 1880.
Leipzig 2011. 1. Aufl. EAGLE 047. ISBN 978-3-937219-47-9

Thiele, R.: Van der Waerden in Leipzig. Geleitwort: **F. Hirzebruch.**
Leipzig 2009. 1. Aufl. EAGLE 036. ISBN 978-3-937219-36-3

Thierfelder, J.: EAGLE-GUIDE Nichtlineare Optimierung.
Leipzig 2005. 1. Aufl. EAGLE 021. ISBN 3-937219-21-8

Triebel, H.: Anmerkungen zur Mathematik.
Leipzig 2011. 1. Aufl. EAGLE 052. 978-3-937219-52-3

Walser, H.: Geometrische Miniaturen. Figuren – Muster – Symmetrien.
Leipzig 2011. 1. Aufl. EAGLE 042. ISBN 978-3-937219-42-4

Walser, H.: 99 Schnittpunkte. Beispiele – Bilder – Beweise.
Leipzig 2012. 2., bearb. u. erw. Aufl. EAGLE 010. ISBN 978-3-937219-95-0

Walser, H.: Der Goldene Schnitt. Mit einem Beitrag von **H. Wußing.**
Leipzig 2009. 5., bearb. u. erw. Aufl. EAGLE 001. ISBN 978-3-937219-98-1

Weiß, J.: B. G. Teubner zum 225. Geburtstag. Adam Ries – Völkerschlacht – F. A. Brockhaus – Augustusplatz – Leipziger Zeitung – Börsenblatt. Geleitwort: **H. Krämer.**
Leipzig 2009. 1. Aufl. EAGLE 035. ISBN 978-3-937219-35-6

Wußing, H. / Folkerts, M.: EAGLE-GUIDE Von Pythagoras bis Ptolemaios.
Mathematik in der Antike. 1. Aufl. In Vorbereitung.

Wußing, H.: Carl Friedrich Gauß. Biographie und Dokumente.
Leipzig 2011. 6., bearb. u. erw. Aufl. EAGLE 051. ISBN 978-3-937219-51-6

Wußing, H.: EAGLE-GUIDE Von Leonardo da Vinci bis Galileo Galilei.
Mathematik und Renaissance. Leipzig 2010. 1. Aufl. EAGLE 041. ISBN 978-3-937219-41-7

Wußing, H.: EAGLE-GUIDE Von Gauß bis Poincaré. Mathematik und Industrielle Revolution.
Leipzig 2009. 1. Aufl. EAGLE 037. ISBN 978-3-937219-37-0

Wußing, H.: Adam Ries. Mit einem Anhang (2009) von **M. Folkerts, R. Gebhardt, A. Meixner, F. Naumann, M. Weidauer, H. Wußing.** Geleitwort: **R. Gebhardt.**
Leipzig 2009. 3., bearb. u. erw. Aufl. EAGLE 033. ISBN 978-3-937219-33-2

Leipzig 2011. EAGLE 042
ISBN 978-3-937219-42-4

Leipzig 2011. EAGLE 006
ISBN 978-3-937219-80-6

Leipzig 2010. EAGLE 041
ISBN 978-3-937219-41-7

Leipzig 2009. EAGLE 001
ISBN 978-3-937219-98-1

Leipzig 2010. EAGLE 038
ISBN 978-3-937219-38-7

Leipzig 2009. EAGLE 037
ISBN 978-3-937219-37-0

Leipzig 2012. EAGLE 056
ISBN 978-3-937219-56-1

Leipzig 2011. EAGLE 034
ISBN 978-3-937219-34-9

Leipzig 2009. EAGLE 017
ISBN 978-3-937219-96-7